安徽省电网土壤腐蚀等级地图

张 洁 缪春辉 主编

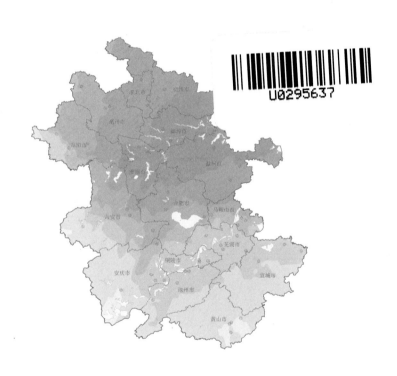

合肥工业大学出版社

图书在版编目(CIP)数据

安徽省电网土壤腐蚀等级地图/张洁,缪春辉主编 . —合肥:合肥工业大学出版社,2024.4

ISBN 978 - 7 - 5650 - 6760 - 0

Ⅰ.①安…　Ⅱ.①张…　②缪…　Ⅲ.①输配电线路—土壤腐蚀—分布图　Ⅳ.①TM7 - 81

中国国家版本馆 CIP 数据核字(2024)第 084037 号

安徽省电网土壤腐蚀等级地图

张　洁　缪春辉　主编

责任编辑	张择瑞	
出版发行	合肥工业大学出版社	
地　址	(230009)合肥市屯溪路 193 号	
网　址	press. hfut. edu. cn	
电　话	理工图书出版中心:0551 - 62903204	
	营销与储运管理中心:0551 - 62903198	
开　本	710 毫米×1010 毫米　1/16	
印　张	6	
字　数	75 千字	
版　次	2024 年 4 月第 1 版	
印　次	2024 年 4 月第 1 次印刷	
印　刷	安徽联众印刷有限公司	
书　号	ISBN 978 - 7 - 5650 - 6760 - 0	
定　价	48.00 元	

如果有影响阅读的印装质量问题,请与出版社营销与储运管理中心联系调换。

编 委 会

序　言

安徽省地跨长江、淮河南北，新安江穿行而过。全省东西宽约 450 km，南北长约 570 km，辖境面积 14.01 万 km²。地域土壤环境差异大，工业化和城市化进程存在不平衡，土壤腐蚀呈现不同的特点。电网是国民经济和社会发展的重要公共基础设施，是电网企业服务社会，服务民生，连接千家万户的重要设施。土壤腐蚀是导致电网设备接地材料损伤乃至失效的主要原因，已引起电网企业及科研机构的高度重视。土壤腐蚀的严重程度受到土壤环境因素及污染源等因素影响，地区性差异往往较大，而常规的电网设备接地材料防腐设计却是统一的，因此就会出现在土壤腐蚀严重的区域，电网设备接地材料过早失效的情况。建立常用电网设备接地材料土壤腐蚀等级地图，根据不同地域土壤腐蚀的特点进行差异化的材料选型及防腐设计是解决上述问题的有效措施。

近年来，国网安徽省电力有限公司在开展全省电网区域土壤理化指标调查的基础上，着手开展标准的金属试片自然埋藏试验，积累常用电网设备接地材料土壤腐蚀数据，为绘制全省各地市电网设备常用接地材料的土壤腐蚀等级地图打下坚实基础。本书的出版对指导各地市电力公司制定差异化的防腐措施，确保电网设备的安全稳定运行，具有重要意义和价值。

　　本书共 4 章,其中第 1 章为土壤腐蚀简介,主要包括土壤腐蚀的特点及其主要影响因素、安徽省土壤理化性质概况等;第 2 章是土壤腐蚀试验,主要包括土壤腐蚀试验选点、现场准备及土壤腐蚀样片测试等;第 3 章为电网土壤腐蚀等级地图绘制,主要包括地图的绘制原理、数据检验等;第 4 章为安徽省电网土壤腐蚀等级地图的使用建议,包括不同接地材料选用、防腐施工及维护的建议等;附录一为安徽省及 16 个地市不同金属材料电网腐蚀等级地图;附录二为安徽省部分土壤理化性质分布地图。本书地图来源于全国地理信息资源目录服务系统,网址:https://www.webmap.cn/main.do?method=index。备案号:京 ICP12031976 号 - 1;审图号:GS(2016)2556 号。

　　由于作者水平有限,书中难免存在疏漏和不足之处,敬请各位读者批评指正。

编　者

2023 年 11 月

目　　录

第 1 章　土壤腐蚀简介

1.1　引　言

随着安徽省工业化和城镇化进程的不断加快,电力负荷不断增长,电力接地网的正常服役是变电站及电力系统安全可靠运行的关键。然而,由于电力接地网长期处于复杂的土壤环境中,极易发生土壤腐蚀,造成电网设备接地材料的严重损耗,并对电力系统的运行安全产生不可忽视的影响。与大气、海水等腐蚀介质相比,土壤是一种复杂的非均质、多相体系,其对接地网金属材料的腐蚀程度易受土壤环境、气候条件、微生物活动、杂散电流及电网特性等因素的影响,具有明显的地域差异性和复杂性。迄今,我国与自然环境有关的土壤腐蚀数据积累较少,难以确定接地网金属材料的实际腐蚀状况。

因此,在安徽省电网区域的土壤环境及土壤理化指标调查研究的基础上,开展电网设备常用接地材料的自然埋藏实验,进行电网设备接地材料土壤腐蚀等级分类,绘制全省及各地市电网设备常用接地材料的土壤腐蚀等级地图。据此开展差异化防腐蚀设计,制定有效的腐蚀防护措施,对于确保电网设备的安全稳定运行起着至关重要的作用。

1.2　土壤腐蚀影响因素

土壤电阻表示土壤的导电能力,随土壤中的含水量、含盐量以及土壤质地等的变化而变化,是影响金属材料土壤腐蚀程度的重要指标。土壤电阻也可以直接作为判定土壤腐蚀程度大小的依据,即土壤电阻越大,金属材料的土壤腐蚀速率越小。

土壤的氧化-还原电位是反映土壤氧化-还原强度的指标,其数值与土壤中的细菌活动联系紧密,也是影响金属材料土壤腐蚀速率的一个重要指标。一般地,土壤的氧化-还原电位越低,金属的土壤腐蚀速率越大。这主要是因为,在厌氧条件下,土壤中的硫酸盐还原菌在繁殖的过程中消耗大量诸如活性氢原子等的还原剂,从而加大阴极氧化反应速率,促使 S^{2-} 与 Fe^{2+} 等反应结合产生金属硫化物,加速金属的腐蚀。

水分是土壤腐蚀电解液的重要组成部分,是金属材料电化学腐蚀的先决条件。不同土壤环境中,含水量与金属材料平均腐蚀速率的关系虽不尽相同,但总体趋势一致,呈现开口向下的二次函数关系曲线特征。在土壤含水量较低时,金属材料的平均腐蚀速率随土壤含水量的增加而增大;但当土壤含水量超过某一临界值后,金属材料的平均腐蚀速率则随着土壤含水量的增加而减小。

土壤中可溶性盐含量的增加不仅导致土壤中带电离子浓度的增大,土壤的导电性增强,电阻降低,而且土壤中的可溶性盐也会直接参与电化学反应,从而对金属材料的土壤腐蚀速率产生影响。此外,土壤中的可溶性盐还通过影响土壤的氧含量以及其他理化指标,间接地影响金属材料的土壤腐蚀速率。尤其需要指出的是,土壤中 Cl^- 浓度的增加不仅会提高土壤的含盐量,还会促进金属材料表面产生点蚀。Cl^- 因其半径小,易穿过金属表面的氧化膜形成点蚀坑,进而加速金属的腐蚀。一般地,在中性土壤条件下,金属腐蚀速率随着 Cl^- 浓度的增大而增大。

土壤的 pH 值是土壤腐蚀的主要影响因素之一。在酸性土壤环境中,若开路电位低于土壤环境中析氢的平衡电位,则金属材料往往发生析氢腐蚀;而在中性和碱性土壤环境中,金属材料则往往发生吸氧腐蚀。

1.3　安徽省土壤理化性质概况

为全面掌握安徽省电网区域土壤环境腐蚀等级,为不同土壤腐蚀环境下的电网设备差异化防腐设计提供数据支撑,根据国网安徽省电力有限公司的要求和安排,针对全省电网区域的土壤环境开展土壤含水量的测定、土壤质地的现场鉴别、土壤电阻率的测定、土壤氧化还原电位的测定、pH 的测定、土壤可溶性盐总量的测定、土壤中氯离子的测定等调查研究工作。各指标的测试方法及测试场所情况见表 1-1 所列。

表 1-1　土壤测试指标、方法及场所

测试指标	测试方法	测试场所
土壤质地	干试法/湿试法	野外现场
电阻率	三极直线法	野外现场
氧化还原电位	电位法	野外现场
Cl^-、SO_4^{2-}	离子色谱法	实验室
含水率	重量法	实验室
pH	电位法	实验室
可溶性盐总量	重量法	实验室

根据土壤理化性质测试结果,绘制安徽省部分土壤理化性质分布地图(附录二)。由土壤理化性质测试结果可知,安徽省土壤理化特性呈现如下变化趋势:土壤电阻由北到南呈现出逐渐递增的趋势,土壤氧化-还原电位从东向西呈现递增的趋势,土壤 pH 值、Cl⁻ 浓度和含水量均呈现由北向南递减的趋势,土壤含盐量大致呈现由北向南递增的趋势。

第 2 章 土壤腐蚀试验

土壤腐蚀试验通常有两种方法:自然埋藏试验和室内加速试验,前者能更好地反映现场实际的土壤腐蚀情况,数据也更可靠。本书针对一年周期的自然埋藏腐蚀试验,通过在安徽省不同地域选点、试片投放、回收和测试分析,获取电网设备常用接地材料土壤腐蚀速率数据,用以绘制安徽省电网土壤腐蚀等级地图。

2.1 选 点

根据安徽省地域特点和土壤腐蚀试验相关标准的要求,现场试验点选取原则如下:①为保证土壤腐蚀地图的完整性和准确性,国网安徽省电力有限公司所属 16 个地市公司对其覆盖区域进行均匀布点,站密度不得少于 0.001 个/km²;②500 kV 及以上的变电站全部投样选点,各个地市公司 220 kV 变电站选点比例不得低于所管辖区域的 220 kV 变电站个数的 20%;③对腐蚀情况严重(如红壤、盐渍土地区等)地市公司进行重点布点;④变电站外试样应布置在出线杆塔附近 20 m 范围内,相关设施分别纳入变电站和线路例行巡视;⑤试验点的土壤环境应避免突发性的或意外性的污染,试验点应有预防自然灾害和失窃的措施,保证试样的安全。

根据上述原则,确定自然埋藏试验各个地市选点数量及分布,分别见表2-1和图2-1。

表2-1 安徽省各地市地域土壤腐蚀的特点及试验选点数量

地市	面积(约)/km²	地域腐蚀特点	选点数量/个
合肥	11445	一般腐蚀区域,站点密度适中	8
芜湖	6026	一般腐蚀区域,站点密度适中	6
蚌埠	5952	重腐蚀区域,增加站点布置密度	6
淮南	5571	重腐蚀区域,增加站点布置密度	6
马鞍山	4049	重腐蚀区域,增加站点布置密度	7
淮北	2741	重腐蚀区域,增加站点布置密度	4
铜陵	3008	重腐蚀区域,增加站点布置密度	6
安庆	13590	轻度腐蚀区域,站点密度适中	6
黄山	9807	轻度腐蚀区域,站点密度适中	5
滁州	13398	一般腐蚀区域,站点密度适中	7
阜阳	9775	一般腐蚀区域,站点密度适中	6
宿州	9787	重腐蚀区域,增加站点布置密度	6
六安	14490	轻度腐蚀区域,站点密度适中	7
亳州	8374	重腐蚀区域,增加站点布置密度	6
池州	8271	一般腐蚀区域,站点密度适中	7
宣城	12340	一般腐蚀区域,站点密度适中	7
省检	/	全部站纳入选取站点	28
合计	140000	/	100

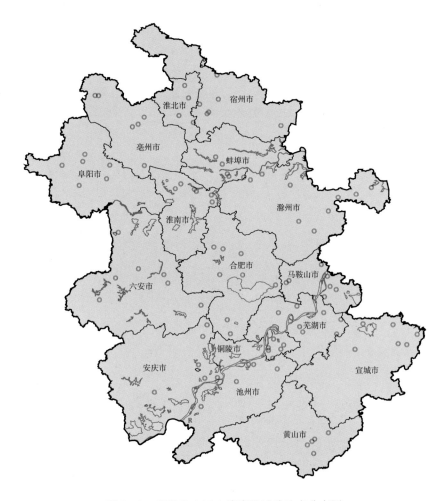

图 2-1　安徽省电网土壤腐蚀试验选点分布图

2.2　现场准备

电网设备常用接地材料自然埋藏试验的现场准备参考 GB/T 39637—2020《金属和合金的腐蚀　土壤环境腐蚀性分类》和 Q/GDW 12015—2019《电力工程接地材料防腐技术规范》执行。

2.2.1 验收及处理

根据电网设备常用接地材料的选材,土壤腐蚀试验选取 3 种金属材料:碳素结构钢(Q235)、镀锌钢和紫铜。

开展所选试验材料采购并统一制备成标准的试验样品。取样可剪切和气割,试样的纵向要垂直于轧制方向;同一批试样,其材料规格、化学成分、制造和热处理工艺以及表面状态应相同,最好选用同一生产批号的材料。试验材料的化学成分、机械性能、冶金工艺、表面状态等资料应齐全。

上述 3 种试验材料在投样之前需进行验收,其验收原则及试验前处理过程如下:

(1)Q235:用机械方法(喷砂、金属刷或砂轮)、化学方法(10%浓盐酸加缓蚀剂)或电化学方法除去表面锈层及氧化皮,呈现金属光泽。边缘锋锐的棱角或毛刺必须用锉刀锉平。柱状试件打钢印、编号,并用沥青或环氧树脂覆盖,以免编号被腐蚀掉。采用乙醇清洗后,用水冲洗,擦干后放入 105℃电热干燥箱内恒温 4 小时,取出晾凉后称重。采用百分之一电子天平称量试件重量,并作好原始记录。一般要求 Q235 试件的表面状态为磨光表面,粗糙度 $Ra=3.2~\mu m$,技术指标应符合 GB/T 700—2006《碳素结构钢》的要求。

(2)镀锌钢:对试件表面进行检查,镀锌层应连续完整,并有实用性光滑,不应有酸洗、起皮、漏镀、结瘤、积锌和锐点等使用上有害的缺陷。镀锌层厚度使用涂层测厚仪测量,将试件均匀分为 3 个部分,每个部分的测量点不少于 2 个,镀锌层厚度满足 DL/T 1453—2015《输电线路铁塔防腐蚀保护涂装》要求的最小平均厚度≥86 μm,最小局部厚度≥70 μm,基材为 Q235 钢。热浸镀锌的锌锭应达到 GB/T 470—2008《锌锭》规定的 Zn 99.95 级别及以上要求。镀锌层应均匀,按照 DL/T 646—2021《输变电钢管结构制造技术条件》做硫酸铜试验,耐浸蚀次数不应少于 4 次,且不露基材。镀锌层应与基材结合牢固,按照 DL/T 646—2021 做落锤试验,镀锌层不应凸起和剥离。片状镀层试件用沥青或环氧树脂封堵各个切边(如切边无镀锌层),宽度 5 mm 内。封边力求整齐,以便准确地测算试件曝露面积。可用油漆写编号(号码与钢印号相同),写在试件的封边上,避免编号错误或被腐蚀。试件采用乙醇清洗后再用水冲洗,冷风吹干后称重。采用百分之一电子天平称量试件重量,并作好原始记录。

(3)紫铜:紫铜试件的化学成分应符合 GB/T 5231—2022《加工铜及铜合金牌号和化学成分》的要求,试件表面用 120 号砂纸或砂布磨光,保持表面光滑、清洁,在一端打印编号后放入丙酮中脱脂,再用水冲洗,冷风吹干后称重。采用百分之一电子天平称量试件重量,并作好原始记录。

所有准备好的试件应在短时间内进行土壤埋样。

2.2.2　数量及尺寸

同一周期试验的平行试件数量为 3 个,同时预留 1 个与试验周期相同的空白试件,并放在清洁的干燥器中保存,作为试件土壤腐蚀结果评定时的对比试样。3 种电网设备常用接地材料土壤腐蚀试件的外形尺寸及数量要求列于表 2-2 中。

表 2-2　土壤腐蚀试件的外形尺寸及数量需求表

材质	选点数量/个	尺寸	试样数量/片
Q235	100	150 mm×30 mm×(3~5) mm	600
镀锌钢	100	150 mm×30 mm×(3~5) mm	600
紫铜	100	φ14 mm×50 mm	600
总计			1800

2.2.3　埋样

(1)埋样要求:①试件准备好后,应尽快组织专门人员进行埋样工作。在运输和埋设过程中要注意保管好试件，不应碰撞或划伤试件。②埋藏深度为 0.6～1 m。③不能在同一垂直面上相互重叠试样。④试件应按编号顺序排列，同一批取出的试件应尽量埋放在一起，便于取出。⑤试件垂直立放。所有试件应埋在同一个土层上，以保持腐蚀条件的一致性。⑥试件与试件的间距不宜小于 30 cm，试件距坑边的距离不得小于 10 cm(图 2 - 2)。采集土壤样品 1～2 kg，装入容器内或者袋子中并密封好。⑦若分几次取完则挖几个坑。⑧挖坑时，挖出的土应按土壤层次分层放置，回填时按原土层顺序回填。回填时应分层夯实(每层 30 cm)，并力求回填土的厚度与密实度和原土相同。直接接触试件的土壤应注意去除其中较大的硬块。⑨在试验点上设立标志，试坑回填完后，在其四周量好相对间距，作地面标志。保证取样的准确性和试样的安全性。

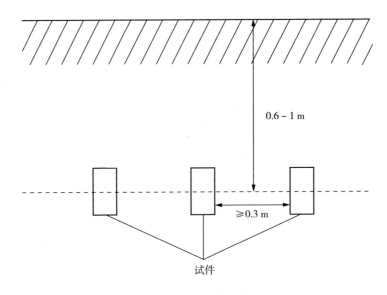

图 2 - 2 土壤腐蚀试件埋样示意图

(2)埋样记录：①埋藏工作应作好记录，分别由制样归口单位、试验单位保存。②完成试验点土壤腐蚀试件埋藏任务后，试件负责单位应编写建点记录，内容应包括试验点概况、土壤特性等，埋藏试件的品种、数量及原始数据等内容,并返回归口单位。③在试验点埋样范围内不应建设其他建筑物等。④埋样后对埋样地点进行拍照留存。

(3)试件挖掘:确定挖掘试坑方位之后,再进行开挖,当挖到(接近)试件时应特别注意,此时,须将试件上部及周围的土壤轻轻地剥离,不应损坏试件。试件全部取出后,用牛皮纸或塑料袋将试件包裹好,装入箱内运回试验室。在装箱和运输过程中要严防碰伤试件。试件取出后,将试坑填平,力求与原来坑相同。试件取出过程,应由专人负责,边取边描述,作好记录和照相记录。在取分析土样之同时,应进行试坑土壤剖面及土壤质地描述并拍照,测定土壤水分、土壤电阻率,如有条件应测量土壤的氧化-还原电位。土壤理化性质数据也可通过已有的勘测数据以及规范的土壤数据平台获得。

2.3　样片测试

在对国网安徽省电力有限公司经营覆盖国土地域内的 100 个站点自然埋藏试验到期一年的 3 种电网设备常用接地材料试件进行回收后,开展试件的外观观察、腐蚀产物清除及腐蚀速率测定等工作。

2.3.1　外观观察

针对土壤腐蚀试验到期一年的 3 种金属材料试件进行直接观察,确定腐蚀试件是否全部被腐蚀产物覆盖及腐蚀表面的状态、颜色、光泽等,并拍照留存。

2.3.2　腐蚀产物清除

在取样后一个星期内完成试件腐蚀产物的清除。首先用鬃刷刷去试件表面疏松的腐蚀产物,剩下附着牢固的锈层;然后按照 GB/T 16545—2015《金属和合金的腐蚀　腐蚀试样上腐蚀产物的清除》的要求,清除试件表面的腐蚀产物。3 种金属试件表面土壤腐蚀产物的清除方法列于表 2-3 中。

表 2-3　试件表面土壤腐蚀产物的清除方法

材质	腐蚀溶液	腐蚀时间/min	环境温度/℃
Q235	500 mL 浓盐酸($\rho=1.19$ g/mL)＋3.5 g 六次甲基四胺＋蒸馏水配制成 1000 mL 溶液	10	20~25
镀锌钢	250 g 乙酸铵＋蒸馏水配制成 1000 mL 溶液(饱和溶液)	1~10	20~25
紫铜	50 g 氨基磺酸＋蒸馏水配制成 1000 mL 溶液	5~10	20~25

2.3.3　腐蚀速率测定

清除腐蚀产物后的试件,用流水冲洗,冷风吹干后称重,并按如下公式,计算试件的腐蚀速率:

$$V=365 \cdot (W_0-W_T)/(S \cdot T \cdot \rho) \qquad (2-1)$$

式中:V 为年均腐蚀速率,mm/a;W_0 为试件原始重量,g;W_T 为去除腐蚀产物后的试件重量,g;S 为试件原始表面积,cm^2;T 为土壤腐蚀时间,d;ρ 为试件的密度,g/cm^3。根据 Q/GDW 12015—2019《电力工程接地材料防腐技术规范》,对照测定的土壤腐蚀试验到期一年的 3 种电网设备常用接地材料试件的腐蚀速率,判定其腐蚀等级。

2.4　试验结果

土壤腐蚀试验到期一年的 3 种电网设备常用接地材料试件的外观观察结果列于表 2-4 中。Q235 试件土壤腐蚀最为严重,表面被黑褐色的腐蚀产物层覆盖,失去了金属光泽,表面粗糙。相反紫铜试件的土壤腐蚀程度最低,仅局部生成绿锈,表面较为光滑。镀锌钢试件的土壤腐蚀程度居中,在镀锌层表面形成薄的白色氧化层,表面较粗糙,但仍呈现金属光泽。可见,3 种电网设备常用接地材料试件土壤腐蚀状态主要取决于试件材质,与不同地区土壤环境理化指标的差异相关性较低。

表 2-4　一年期土壤腐蚀试件的表面状态

材质	颜色	亮度	光泽度	表面状态
Q235	黑褐色	暗	无光泽	粗糙
镀锌钢	银灰色	亮	半光泽	粗糙
紫铜	红褐色(伴铜绿色)	亮	半光泽	光滑

安徽省各地市站点 3 种电网设备常用接地材料试件的一年期土壤腐蚀速率列于表 2-5 中。由此可见,安徽省各地市 3 种试件的土壤腐蚀也呈现一定的规律性。在地域上,沿江工业聚集地区试件的腐蚀程度最高,皖中、皖南地区次之,皖北地区最低。这是因为沿江工业聚集地区土壤 pH 值较低,土壤含水量、含盐量均较大,土壤电阻值较低,试件的腐蚀程度高;皖南地区虽然土壤 pH 值较低,但土壤电阻较沿江工业聚集地区大,而皖北地区土壤 pH 值处于中性或弱碱性,因此,试件的腐蚀程度低于沿江工业聚集地区。江淮之间的皖中地区的土壤理化性质复杂,但总体的腐蚀程度低于沿江工业聚集地区。可见,试件的土壤腐蚀程度受土壤的 pH 值、土壤电阻与含水量、含盐量等因素的综合影响。从材质上分析,Q235 钢试件的腐蚀速率最大,镀锌钢试件的腐蚀速率较前者低 4～6 倍,紫铜试件的腐蚀速率最低。

Q/GDW 12015—2019 规定了 3 种电网设备常用接地材料一年期土壤腐蚀等级对应的试件腐蚀速率范围,见表 2-6 所列,对照表 2-5 的安徽各地市 3 种金属试件一年期土壤腐蚀的平均速率,判定

3 种电网设备常用接地材料的腐蚀等级,列于表 2-7 中。由此可见,
3 种金属试件中,紫铜的腐蚀程度最低,绝大多数地市的腐蚀等级为
"弱";Q235 钢的腐蚀程度最高,绝大多数城市的腐蚀等级为"中";镀
锌钢介于两者之间,各城市的腐蚀等级存在明显的差异性,由"弱"至
"强"均有分布,其中半数以上城市的腐蚀等级以"弱"为主。

表 2-5 安徽省各地市一年期土壤腐蚀试件的平均腐蚀速率

地市	平均腐蚀速率(μm/a)		
	Q235	镀锌钢	紫铜
安庆	61.13	12.23	2.55
蚌埠	41.45	8.29	1.87
亳州	36.77	5.09	1.51
池州	47.87	9.39	2.55
滁州	47.71	23.37	2.31
阜阳	47.59	7.22	1.96
合肥	45.35	9.07	1.83
淮北	32.52	7.51	2.05
淮南	48.53	10.55	2.02
黄山	33.99	4.27	1.62
六安	56.99	13.18	3.04
马鞍山	46.44	10.38	1.91
宿州	35.15	7.32	2.16
铜陵	54.78	9.85	3.08
芜湖	51.12	10.63	1.5
宣城	62.48	9.02	3.92

表 2-6 一年期土壤腐蚀等级规范

腐蚀等级	土壤腐蚀速率(mm/a)		
	Q235	镀锌钢	紫铜
微	≤0.010	≤0.005	≤0.001
弱	0.010~0.035	0.005~0.010	0.001~0.003

（续表）

腐蚀等级	土壤腐蚀速率（mm/a）		
	Q235	镀锌钢	紫铜
中	0.035～0.065	0.010～0.020	0.003～0.007
强	0.065～0.090	0.020～0.045	0.007～0.012
极强	＞0.090	＞0.045	＞0.012

注：考虑到含盐量高的特殊重腐蚀地区，依据 DL/T 1554—2016《接地网土壤腐蚀性评价导则》多因子评级定义为强级别的土壤，同时含盐量大于等于1.5，定义为强土壤腐蚀的特殊地区。

表 2-7　安徽省各地市试件一年期土壤腐蚀等级

地市	腐蚀等级		
	Q235	镀锌钢	紫铜
安庆	中	中	弱
蚌埠	中	弱	弱
亳州	中	弱	弱
池州	中	弱	弱
滁州	中	强	弱
阜阳	中	弱	弱
合肥	中	弱	弱
淮北	弱	弱	弱
淮南	中	中	弱
黄山	弱	微	弱
六安	中	中	中
马鞍山	中	中	弱
宿州	中	弱	弱
铜陵	中	弱	中
芜湖	中	中	弱
宣城	中	弱	中

第3章 土壤腐蚀等级地图编制

3.1 原 理

　　安徽省土壤腐蚀等级地图的编制是根据各站点3种电网设备常用接地材料试件的腐蚀速率,进行腐蚀等级评定,再采用克里金插值法预测安徽省行政地图上任一点的腐蚀等级,从而生成一个连续的腐蚀等级平面分布图。

　　假定安徽省行政地图上各点处接地材料的土壤腐蚀速率在地理平面上存在一定联系,可基于克里金插值法建立相应的算法或模型,以各站点金属试件的土壤腐蚀速率为初始赋值,计算、预测行政地图上其他点处金属试件的土壤腐蚀速率。克里金插值法的理论基础为地理学第一定律,即邻近事物比远处事物更相似。其核心思想为,在一定距离范围内,两点属性值差异性(不相关性)与距离正相关。据此,通过建立如下的半变异函数,可定量描述地理学第一定律。

　　假设在某一地理平面点(x_i, y_i)的某一属性,如土壤腐蚀速率(等级),为$Z(s_i) = Z(x_i, y_i)$,则:

$$\hat{Z}(s_0) = \sum_{i=1}^{N} \lambda_i Z(S_i) \tag{3-1}$$

式中:点$s_0(x_0, y_0)$的属性$Z(s_0) = Z(x_0, y_0)$,$\hat{Z}(s_0)$是点(x_0, y_0)处该属性的估计值。λ_i是权重系数,即用地理平面上所有已知点$(i = 1, 2, 3, \cdots, N)$的属性加权求和来估计未知点的属性,是满足点$s_0(x_0, y_0)$

的误差 $\mathrm{var}[\hat{Z}(s_0) - Z(s_0)]$ 最小条件的一套最优系数,也称为最优线性无偏估计。为得到该 λ_i 数组,需建立如下的矩阵式:

$$
\begin{bmatrix}
\gamma_{11} & \cdots & \gamma_{1N} & 1 \\
\vdots & \ddots & \vdots & \vdots \\
\gamma_{N1} & \cdots & \gamma_{NN} & 1 \\
1 & \cdots & 1 & 0
\end{bmatrix}
\times
\begin{bmatrix}
\lambda_1 \\
\vdots \\
\lambda_N \\
m
\end{bmatrix}
=
\begin{bmatrix}
\gamma_1 \\
\vdots \\
\gamma_{N0} \\
1
\end{bmatrix}
\tag{3-2}
$$

式中:ij 为一组地理平面点对,γ_{ij} 为该平面点对的半变异函数。若已知所有点对的半变异函数 $\gamma(s_i, s_j) = \dfrac{1}{2} E\big[(Z(s_i) - Z(s_j))^2\big]$($E$ 为期望值)的数值,即可用该矩阵式求出权重系数 λ_i。

半变异函数表达了地理学第一定律中属性的相似度,地理平面相似度用距离来表示:

$$
d_{ij} = \sqrt{(x_i - x_j)^2 + (y_i - y_j)^2} \tag{3-3}
$$

克里金插值法假设 γ_{ij} 与 d_{ij} 存在着函数关系,可以是线性、二次函数、指数或对数关系。为了确认具体是何种关系,首先需要建立各站点的测量数据集:

$$\{Z(x_1, y_1), Z(x_2, y_2), Z(x_3, y_3), \cdots, Z(x_{N-1}, y_{N-1}), Z(x_N, y_N)\}$$

计算任意两点的距离 d_{ij} 及其半变异函数 $\gamma(s_i, s_j)$,从而得到 n^2 个 (d_{ij}, γ_{ij}) 数据对。将这些数据对绘制成散点图,得到一个最优的 $\gamma \sim d$ 关系拟合曲线及与其相对应的函数关系:

$$
\gamma = \gamma(d) \tag{3-4}
$$

据此,对于任意两点 (x_i, y_i) 与 (x_j, y_j),先计算 d_{ij},再用函数关系式(3-4),计算出所有点对的半变异函数 γ_{ij},将其带回矩阵式(3-2)中,即可求出一组最优权重系数,最后根据公式(3-1),计算出预测值 $\hat{Z}(s_0)$。

3.2 数据检验

在进行克里金插值前,需要对 3 种电网设备常用接地材料试件自然埋藏试验所得土壤腐蚀速率数据进行多项检验,地图绘制软件具有相应的数据检验功能。以 Q235 试件一年期土壤腐蚀速率数据为例,进行如下说明:

(1)不存在异常值。全局异常值可以通过直方图(图 3-1)的首尾两端来找,局部异常值可以通过半变异函数云来找。如存在异常值,应去除,插值结果将更准确。

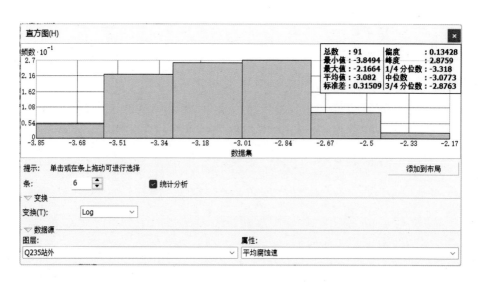

图 3-1 Q235 试件一年期土壤腐蚀速率数据直方图

(2)符合正态分布。克里金插值法并不要求数据呈正态分布,但是用不服从正态分布的数据插值所得结果未必最佳。可以通过Box-Cox、对数及反正弦函数变换的数据处理方法,得到近似正态分布数据。图 3-2 所示的正态分布 QQ 图可用于检验实测数据与标准正态分布状态的偏差程度。

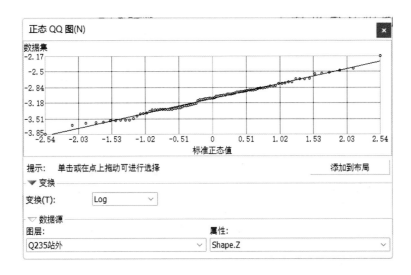

图 3-2　Q235 试件一年期土壤腐蚀速率数据正态分布 QQ 图

（3）不存在趋势。克里金插值法依据二阶平稳性假设，在存在趋势的情况下，二阶平稳性假设难以成立。因此，当进行克里金插值时，可以选择移除趋势（图 3-3）。

图 3-3　克里金插值移除趋势示意图

3.3 插值过程

克里金插值的关键步骤在于建立半变异函数模型，地图绘制软件提供模型自动优化功能，如图 3-4 所示。

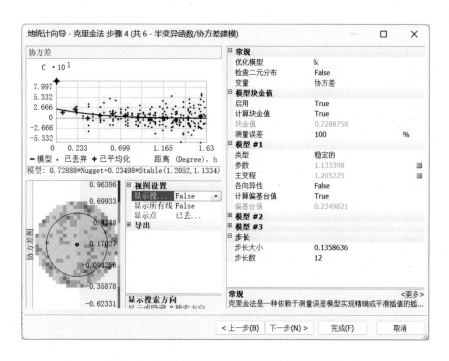

图 3-4 克里金插值的半变异函数建模示意图

在设定好所有参数后，使用地图绘制软件生成金属试件土壤腐蚀地图，对地图色彩进行调整，并加入图例，完成 3 种电网设备常用接地材料试件一年期土壤腐蚀等级地图编制。

第 4 章 安徽省电网土壤腐蚀等级地图使用建议

安徽省电网土壤腐蚀等级地图适用于电网设备接地材料的选用与防腐、防腐施工与维护,可用于电网设备的可研初设、物资采购、到货验收、基建安装、运维检修阶段。为了正确执行和使用安徽省电网土壤腐蚀等级地图,结合安徽电网的实际情况,特制定本使用建议。

4.1 一般规定

输变电工程在规划及设计阶段,应依据土壤腐蚀等级地图确定变电站场所的土壤腐蚀等级,制定对应的防腐蚀措施,配电工程可参照执行。在对输、变、配电设备金属材料进行选材及防腐时,应综合考虑具体部件的服役环境、所用材质、结构型式、使用要求、服役年限、施工条件和维护管理等因素。

根据 Q/GDW 12015—2019 的规定,接地材料的应用应满足 GB 15618—2018《土壤环境质量 农用地土壤污染风险管控标准(试行)》和 GB/T 14848—2017《地下水质量标准》中规定的环保要求。当采用降阻剂、缓释型离子接地装置等降阻措施时,不应对土壤和地下水造成污染,不应对接地装置造成附加腐蚀。接地装置所处位置如果有交直流电流干扰,应选择合适排流措施或防护措施。中、强腐蚀等级地区的 330 kV 及以上发电厂和变电站、全户内变电站、220 kV 及以上枢纽变电站、66 kV 及以上城市变电站、紧凑型变电站，以及强特殊腐蚀等级地区的 110 kV 发电厂和变电站，通过技术经济比较后，接地材料宜采用铜、铜层厚度≥0.8 mm 的铜覆钢或其他等效防腐蚀措施。选用阴极保护应进行充分论证，在役热浸镀锌接地网为延长使用寿命可选用阴极保护；新建接地工程特殊情况，如必须采用热浸镀锌钢且很难满足设计寿命要求等，可选用阴极保护延长热浸镀锌钢的使用寿命。阴极保护宜选用牺牲阳极法，采用阴极保护时，应考虑保护度对腐蚀裕量的影响。

4.2　选材及防腐原则

接地装置金属材料可选用热浸镀锌钢、锌包钢、铜覆钢、铜、不锈钢、不锈钢复合材料等，接地材料土壤腐蚀寿命应满足接地工程设计寿命要求。

接地用热浸镀锌钢，应符合 GB/T 13912—2020《金属覆盖层钢铁制件热浸镀锌层　技术要求及试验方法》、DL/T 1457—2015《电力工程接地用锌包钢技术条件》的规定，基材宜选用 Q235 钢。

接地用锌包钢应符合 DL/T 1457—2015 的规定。

接地用铜应符合 DL/T 1342—2014《电气接地工程用材料及连接件》的规定。

接地用铜覆钢应符合 DL/T 1312—2013《电力工程接地用铜覆钢技术条件》的规定，铜层厚度应根据接地工程土壤腐蚀性确定。

接地用不锈钢应符合 DL/T 1342—2014 的规定，宜选用 304 不锈钢。

接地用不锈钢复合材料，应符合 DL/T 248—2012《输电线路杆塔不锈钢复合材料耐腐蚀接地装置》、DL/T 1667—2016《变电站不锈钢复合材料耐腐蚀接地装置》的规定，基材宜选用 304 不锈钢。

接地降阻材料应符合 DL/T 380—2010《接地降阻材料技术条件》的规定。

4.2.1　选材原则

全户内变电站、500 kV 及以上枢纽变电站、220 kV 及以上城市变电站等重要变电站电网设备接地材料宜选用铜或铜层厚度≥0.8 mm的铜覆钢，有直流干扰的接地工程应加大设计截面。

土壤腐蚀等级为微时，宜采用热浸镀锌钢，镀锌层厚度应符合GB/T 13912—2020 规定。

土壤腐蚀等级为弱时，可采用热浸镀锌钢或铜覆钢。镀锌层厚度应符合 GB/T 13912—2020 规定，铜覆钢的铜层最小厚度应根据当地土壤腐蚀数据进行设计。

土壤腐蚀等级为中时，可采用热浸镀锌钢、铜、铜覆钢或锌包钢。选用热浸镀锌钢应根据当地土壤腐蚀数据加大设计截面，经充分论证后，也可采用热镀锌钢联合阴极保护。锌包钢锌层最小厚度应≥1.0 mm，铜覆钢铜层最小厚度应≥0.6 mm，包覆层厚度应根据当地锌或铜土壤腐蚀速率进行设计。

土壤腐蚀等级为强时，可采用热浸镀锌钢、铜、铜覆钢、不锈钢或不锈钢复合材料。选用热浸镀锌钢应根据当地土壤腐蚀数据加大设计截面，经充分论证后，也可采用热镀锌钢联合阴极保护。铜覆钢铜层最小厚度应≥0.8 mm，不锈钢包钢的不锈钢层最小厚度应≥0.7 mm，包覆层厚度应根据当地铜或不锈钢土壤腐蚀速率进行设计。

在含盐量≥1.5%的滨海区、填海区、化工区、盐碱地等强特殊腐蚀地区，变电站接地工程宜选用铜作为接地材料。

当接地介质环境 pH 值≤4.5 时,选用铜或铜覆钢作为接地材料时,应根据土壤腐蚀数据加大设计截面或加大铜层厚度,铜覆钢铜层厚度宜≥1.0 mm。

Cl⁻ 含量高的滨海土或盐渍土地区,选用不锈钢或不锈钢复合材料应根据当地土壤腐蚀数据进行腐蚀寿命核算。

与混凝土钢筋连接的接地材料选用铜和铜覆钢时,应采取降低电位差的措施,如连接处采用防腐涂层处理或包覆非金属材料等措施。

在使用铜或铜覆钢接地装置时,应充分考虑可能对接地网附近钢构架、地下电缆、管道等造成的电偶腐蚀。

4.2.2 防腐涂层

电网设备接地装置接地引下线、接地搭接焊接部位以及处于潮湿的地沟或干湿交替的土壤空气交界处,应进行防腐蚀涂层涂装保护,在接地引下线入土处上下 50 cm 范围内应进行防腐蚀涂层涂装保护,涂刷部位应涵盖所有金属面,包含接头。

电缆沟的接地支路应进行防腐蚀处理,可采取刷涂重防腐涂料的措施,避免暴露于电缆沟的潮湿空间。

防腐蚀涂料宜选用氯化橡胶、高氯化聚乙烯、乙烯基酯、聚氨酯、聚脲、环氧、环氧沥青、聚氨酯沥青、沥青和丙烯酸改性树脂等涂料,涂层性能应符合 JG/T 224—2007《建筑用钢结构防腐涂料》的技术要求。

涂覆防腐蚀涂料的接地体,应满足 DL/T 1342—2014 的技术要求。选用的涂料品种应与表面预处理等级相符,按 GB/T 9286—2021《色漆和清漆 划格试验》测试,涂层附着性不应低于 1 级;防腐蚀涂料与阴极保护联合使用时,应避免过保护对防腐涂层的损伤。

4.2.3　阴极保护

阴极保护分为外加电流阴极保护、牺牲阳极阴极保护两种方法。接地工程采用阴极保护应进行充分论证,如采用阴极保护方法,宜采用牺牲阳极的方法,应避免对邻近埋地构筑物造成干扰影响。

阴极保护设计资料应包括:设备设施分布、接地材料材质和规格、运行寿命、气候条件(冻土层)、地形地貌、地质结构、土壤电阻率、土壤 pH 值、氧化还原电位等,必要时应进行现场勘测。保护电位范围应为 $-0.85 \sim -1.20\text{V}$(相对于铜/饱和硫酸铜参比电极);在硫酸盐还原菌等厌氧菌及其他有害菌土壤环境中时,阴极保护电位范围应为 $-0.95 \sim -1.20\text{V}$。接地装置采用阴极保护时的保护度第一年不应低于 85%,使用年限内不应低于 80%。

4.2.3.1　牺牲阳极阴极保护

牺牲阳极材料应具有足够负的电极电位,技术指标应符合 GB/T 21448—2017《埋地钢质管道阴极保护技术规范》的规定。牺牲阳极阴极保护的阳极数量、重量、表面积须同时满足初期电流、维护电流、末期电流的需求。牺牲阳极的布置应使被保护接地材料的表面电位均匀分布,宜采用均匀布置。牺牲阳极阴极保护电流的设计计算可参照公式(4-1)至公式(4-6)进行,必要时可通过现场试验确定。

保护电流公式:

$$I = i \cdot S \tag{4-1}$$

式中:I 为保护电流,A;i 为保护电流密度,A/m²;S 为保护面积,m²。

阳极接地电阻公式:

$$R = \frac{\rho}{2\pi L}\left[\ln\frac{2L}{D_1}\left(1 + \frac{\frac{L_1}{4t}}{\left(\ln\frac{L_1}{D_1}\right)^2} + \frac{\rho_1}{\rho}\ln\frac{D_1}{D}\right)\right] \tag{4-2}$$

式中:L 为阳极长度,m;L_1 为填料包长度,m;D 为阳极当量直径,m;D_1 为填料包直径,m;ρ 为土壤电阻率,$\Omega \cdot$ m;ρ_1 为填充料电阻率,$\Omega \cdot$ m;t 为从地面至阳极中心的埋深,m。

每支阳极的发生电流公式:

$$I_f = \frac{\Delta E}{R} \qquad (4-3)$$

式中:I_f 为每支阳极的发生电流,A;ΔE 为阳极驱动电位,V(锌合金阳极 $\Delta E = 0.25$ V,镁合金阳极取 $\Delta E = 0.65$ V);R 为阳极接地电阻,Ω。

每支阳极平均发生电流公式:

$$I_m = 0.7 I_f \qquad (4-4)$$

式中:I_m 为每支阳极平均发生电流,A。

牺牲阳极使用寿命公式:

$$Y = \frac{1000QG}{8760 I_m} K \qquad (4-5)$$

式中:Y 为阳极使用寿命,a;Q 为阳极实际电容量,A $\cdot$ h/kg;G 为每支阳极重量,kg;K 为阳极利用系数,取 0.85。

牺牲阳极数量公式:

$$N = \frac{I}{I_f} \qquad (4-6)$$

式中:N 为牺牲阳极数量,支。

4.2.3.2 外加电流阴极保护

外加电流阴极保护系统应由直流电源、辅助阳极、参比电极、测试装置和电缆等部件组成,技术指标应符合 GB/T 21448—2017 的规定。参比电极宜选用铜/饱和硫酸铜电极。外加电流阴极保护的设计计算应包括保护电流、辅助阳极接地电阻(包括阳极组接地电阻)、阳极使用寿命、电源设备功率等,可参照公式(4-6)至公式(4-9)计算。

深井式阳极接地电阻公式:

$$R = \frac{\rho}{2\pi L}\ln\frac{2L}{d} \tag{4-7}$$

式中:R 为深井式阳极接地电阻,Ω;L 为阳极长度(含填料),m;d 为阳极直径(含填料),m。

阳极寿命公式(本公式不适用于钛基金属氧化物):

$$T = \frac{KG}{gI} \tag{4-8}$$

式中:T 为阳极寿命,a;K 为阳极利用系数,取 0.7~0.85;G 为阳极重量,kg;g 为阳极消耗率,kg/(A·a);I 为阳极工作电流,A。

恒电位仪功率公式:

$$P = \frac{IV}{\eta} \tag{4-9}$$

式中:P 为恒电位仪功率,W;I 为恒电位仪输出电流,A;V 为恒电位仪输出电压,如取 60 V;η 为恒电位仪效率。

4.3　电网设备接地装置腐蚀检查

电网设备接地装置防腐蚀维护应结合接地工程的运维,纳入接地工程状态检修工作中,特殊情况下做专项普查。接地装置的防腐蚀检查可分为常规检查和特殊检查。常规检查应为接地装置进行的正常维护性检查,特殊检查应为接地装置状态异常时的专项检查。

检查内容与周期应按照表 4-1 的规定实施。

表 4-1　电网设备接地装置腐蚀检查规范

项目分类	检查项目	检查部位	检查内容	检查周期
常规检查	防腐涂层外观检查	引下线、地沟接地	涂层破损情况	1 年
	热浸镀锌、铜覆钢、锌包钢等包覆层检测	引下线、地沟接地	包覆层厚度	1 年
	阴极保护运行检测	测试装置	保护电位、外加电流	稳定前 1 周一次；稳定后半年一次
	接地材料腐蚀状况	开挖	截面积、腐蚀产物、涂镀层厚度、接头情况	与变电站运检一致
特殊检查	腐蚀量检测	接地装置	测定接地装置壁厚、局部腐蚀、涂层破损等	与变电站检查周期同时进行，一般不应大于 6 年
	腐蚀诊断	接地装置	接地网导体腐蚀程度及缺陷	普通地区 10 年/次，强腐蚀地区 6 年/次
	牺牲阳极外观及消耗量检查	牺牲阳极	腐蚀产物表面溶解情况、测定阳极消耗后实际尺寸	异常状态

参 考 文 献

[1] 徐华,文习山,黄玲. 大型变电站接地网的优化设计[J]. 高电压技术,2005,31(12):63-65.

[2] 高义斌,杜晓刚,王启伟,等. 铜在电网接地工况下的腐蚀行为研究[J]. 中国腐蚀与防护学报,2023,43(2):435-440.

[3] 柯伟. 中国腐蚀调查报告[M]. 北京:化学工业出版社,2003.

[4] 余建飞,陈心河,李善风,等. Q235钢在湖北变电站土壤中的腐蚀行为研究[J]. 全面腐蚀控制,2011,25(10):39-45.

[5] 张洁,张健,陈国宏,等. 安徽省内电网设备常用钢材大气腐蚀试验研究[J]. 装备环境工程,2020,17(7):98-104.

[6] 李乐民,张洁,卞亚飞,等. 安徽省内电网设备常用Q235和40Cr钢大气腐蚀特性及其规律[J]. 中国腐蚀与防护学报,2023,43(3):535-543.

[7] 卞亚飞,汤文明,张洁,等. 安徽省电网接地材料Q235钢的土壤腐蚀特性及规律性研究[J]. 中国腐蚀与防护学报,2024,44(1):130-140.

[8] 高英. 长输管线氯离子腐蚀行为研究[D]. 西安:西安石油大学,2013.

[9] 宋光铃,曹楚南,林海潮,等. 土壤腐蚀性评价方法综述[J]. 腐蚀科学与防护技术,1993,5(4):268-277.

［10］陈散兴．接地网材料在我国典型土壤环境下的腐蚀研究［D］．北京：机械科学研究总院，2016.

［11］Murray J N，Moran P J. Influence of moisture on corrosion of pipeline steel in soil using in－situ impedance spectroscopy［J］. Corrosion，1989，45(1)：34－41.

［12］Ismail A I M，El－Shamy A M. Engineering behaviour of soil materials on the corrosion of mild steel［J］. Applied Clay Science，2009，42(3)：356－362.

［13］董超芳，李晓刚，武俊伟，等．土壤腐蚀的实验研究与数据处理［J］．腐蚀科学与防护技术，2003，15(3)：154－160.

［14］De la Fuente D，Díaz I，Simancas J，et al. Long－term atmospheric corrosion of mild steel［J］. Corrosion Science，2011，53(2)：604－617.

［15］Hu H Z，Luo R C，Fang M G，et al. A new optimization design for grounding grid［J］. International Journal of Electrical Power & Energy Systems，2019，108(1)：61－71.

［16］李延伟，熊欣睿，柳森，等．浙江省金属材料大气腐蚀等级分布图绘制［J］．腐蚀与防护，2020，41(12)：48－51.

［17］龚喆，李敬洋，祁俊峰，等．基于 BP－GIS 的京津冀 Q235 大气腐蚀预测地图［J］．材料保护，2020，53(5)：15－22.

［18］Slamova K，Koehl M. Measurement and GIS－based spatial modelling of copper corrosion in different environments in Europe［J］. Materials and Corrosion，2017，68(1)：20－29.

［19］李海涛，邵泽东．空间插值分析算法综述［J］．计算机系统应用，2019，28(7)：1－8.

［20］张海平，周星星，代文．空间插值方法的适用性分析初探［J］．地理与地理信息科学，2017，33(6)：14－18，105.

［21］靳国栋，刘衍聪，牛文杰．距离加权反比插值法和克里金插值法的比较［J］．长春工业大学学报（自然科学版），2003，24（3）：53－57．

［22］Li J，Men C，Qi J，et al. Impact factor analysis，prediction，and mapping of soil corrosion of carbon steel across China based on MIV－BP artificial neural network and GIS［J］．Journal of Soils and Sediments，2020，20（8）：3204－3216．

［23］顾春雷，杨漾，朱志春．几种建立 DEM 模型插值方法精度的交叉验证［J］．测绘与空间地理信息，2011，34（5）：99－102．

附录一　安徽省电网土壤腐蚀等级地图

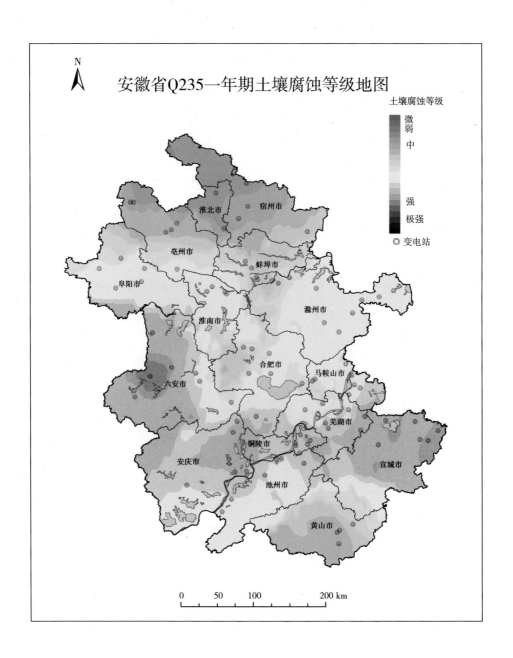

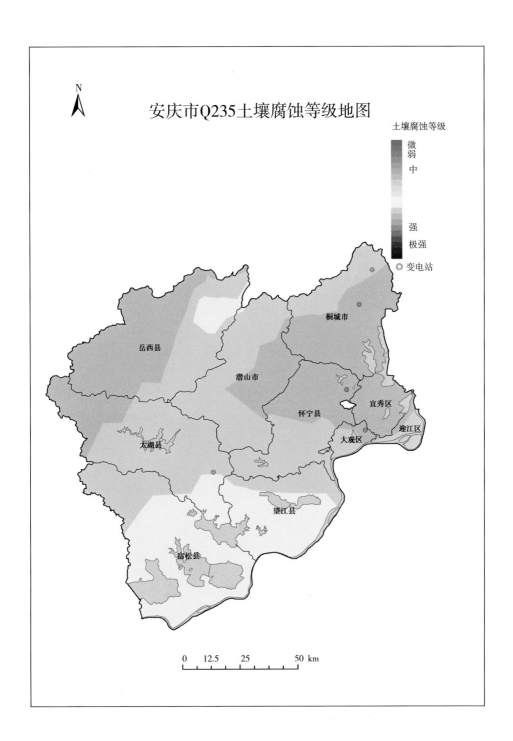

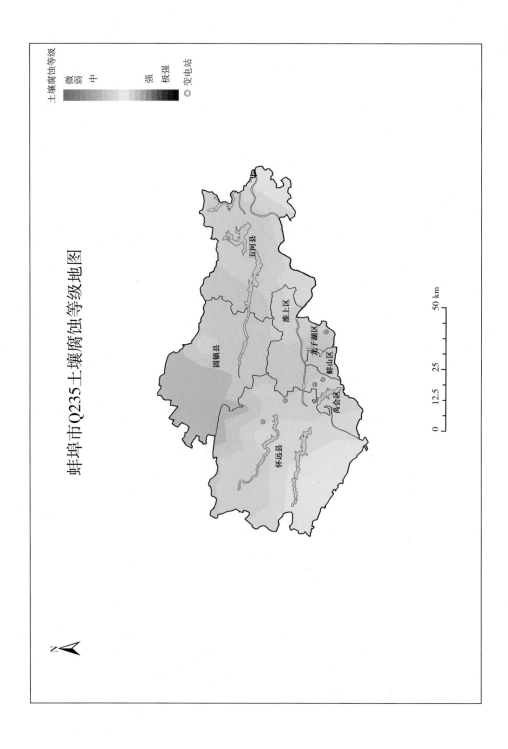

蚌埠市Q235土壤腐蚀等级地图

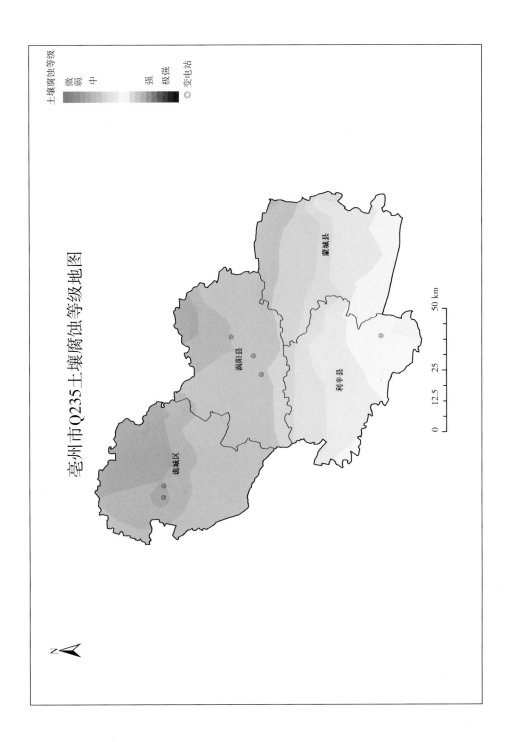

亳州市Q235土壤腐蚀等级地图

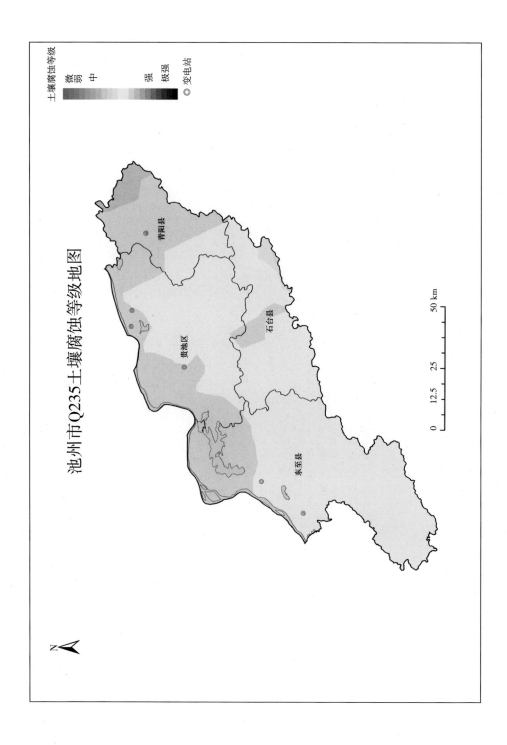

池州市Q235土壤腐蚀等级地图

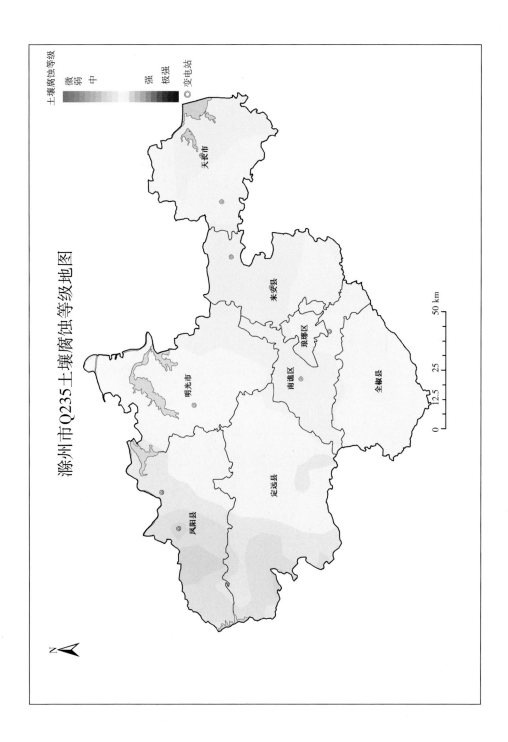

滁州市Q235土壤腐蚀等级地图

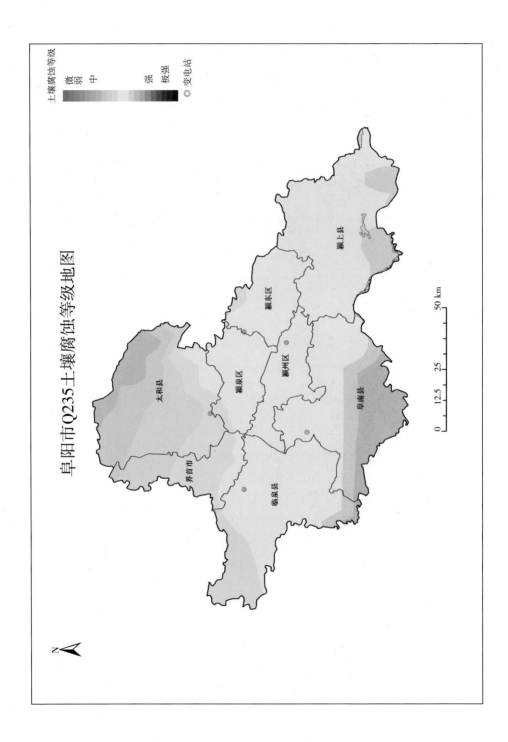

阜阳市Q235土壤腐蚀等级地图

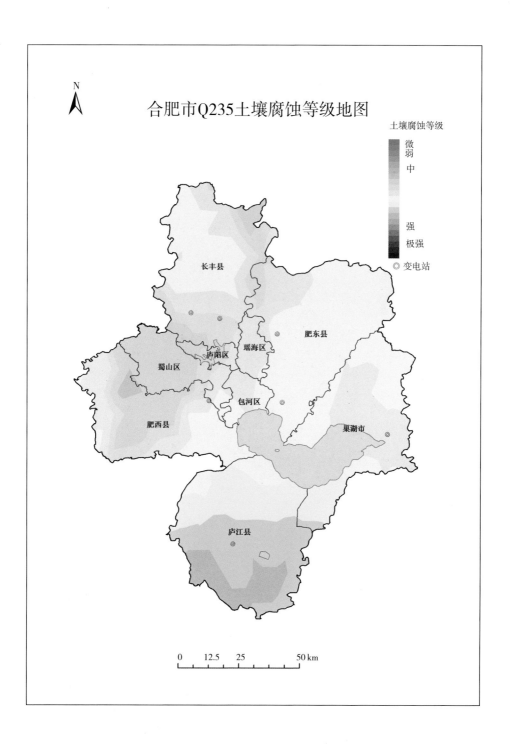

合肥市Q235土壤腐蚀等级地图

淮北市Q235土壤腐蚀等级地图

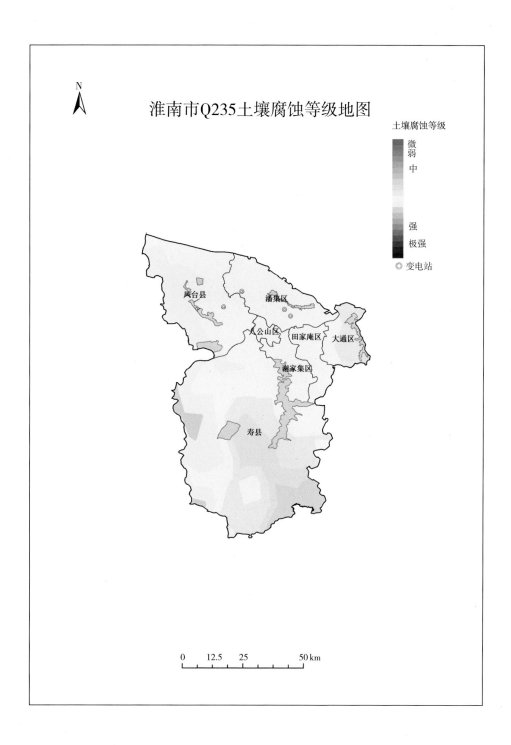

淮南市Q235土壤腐蚀等级地图

土壤腐蚀等级

微弱

中

强

极强

◎ 变电站

凤台县

潘集区

八公山区

田家庵区

大通区

谢家集区

寿县

0　　12.5　　25　　　　50 km

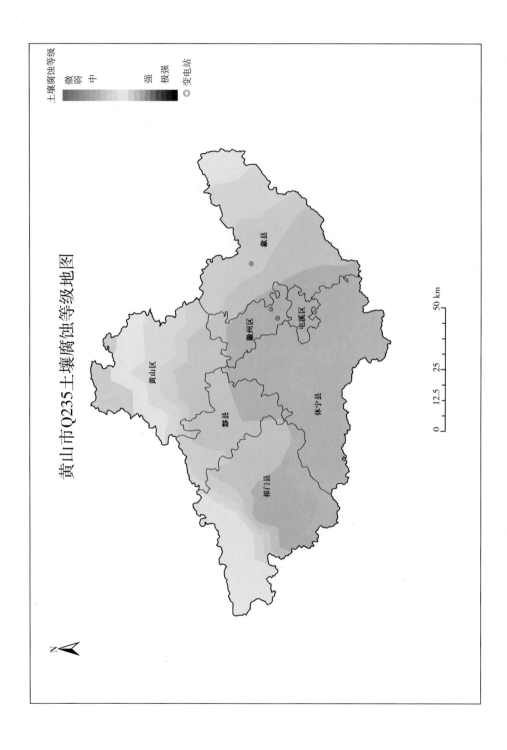

黄山市Q235土壤腐蚀等级地图

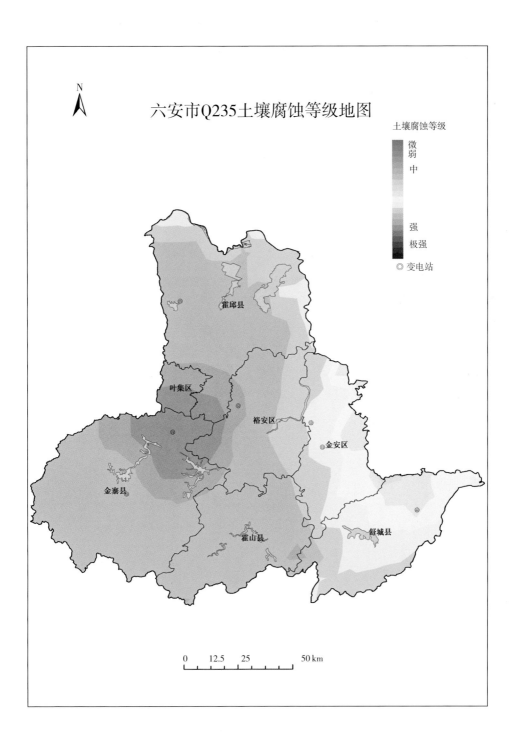

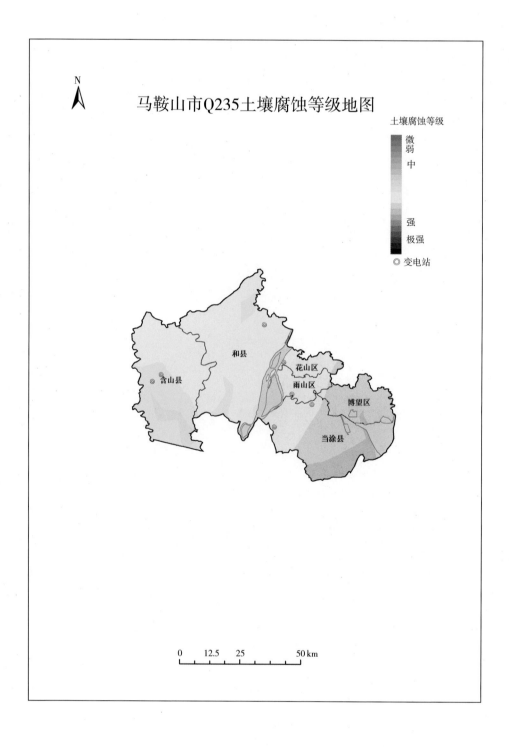

马鞍山市Q235土壤腐蚀等级地图

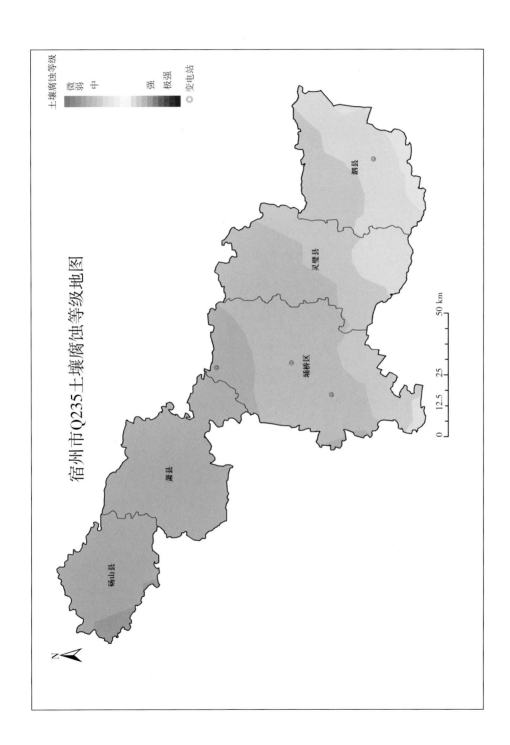

宿州市Q235土壤腐蚀等级地图

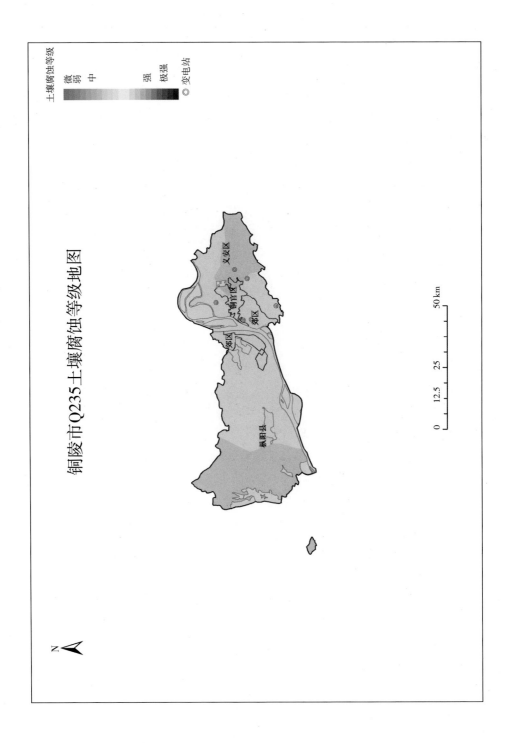

铜陵市Q235土壤腐蚀等级地图

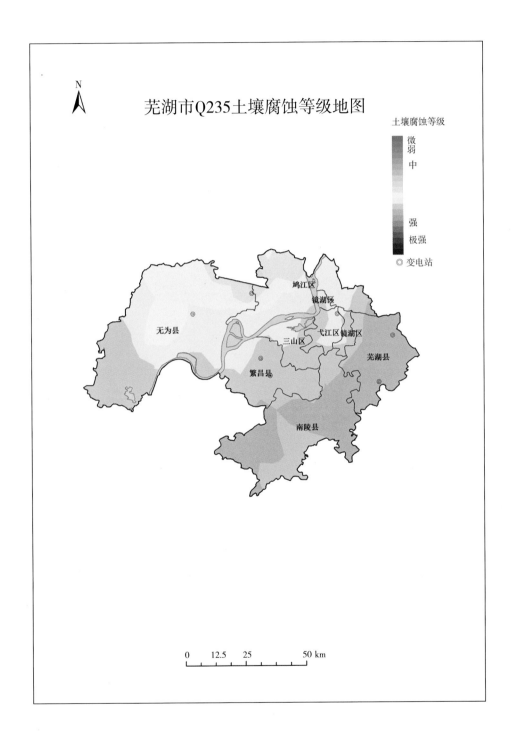

芜湖市Q235土壤腐蚀等级地图

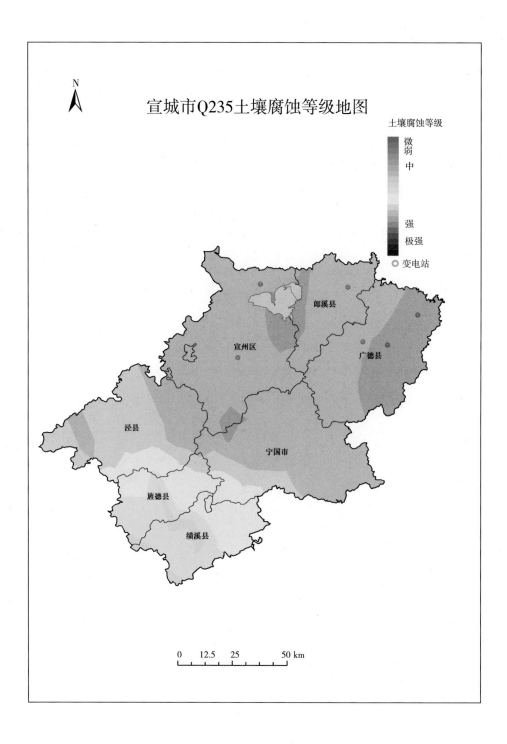

宣城市Q235土壤腐蚀等级地图

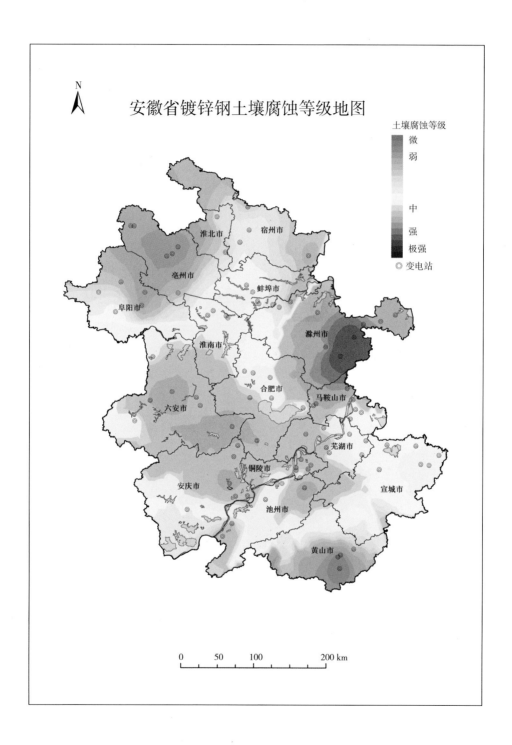

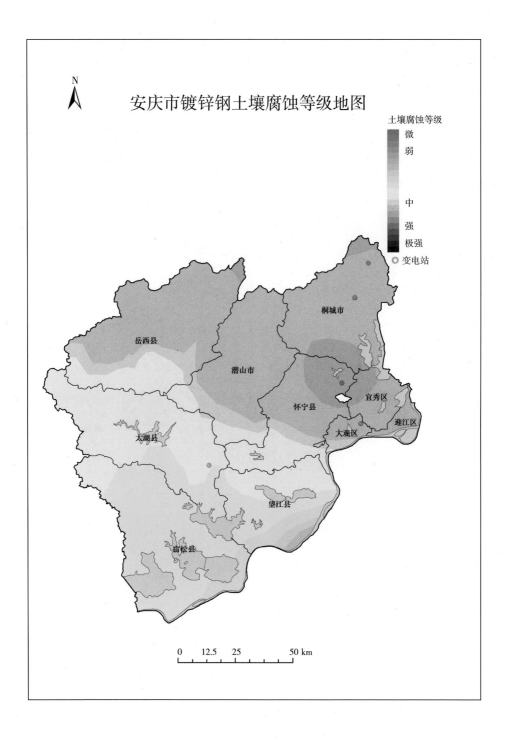

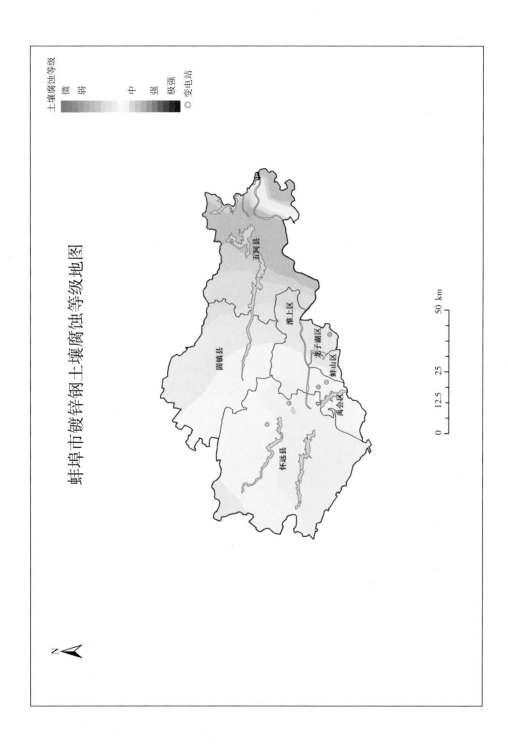

蚌埠市镀锌钢土壤腐蚀等级地图

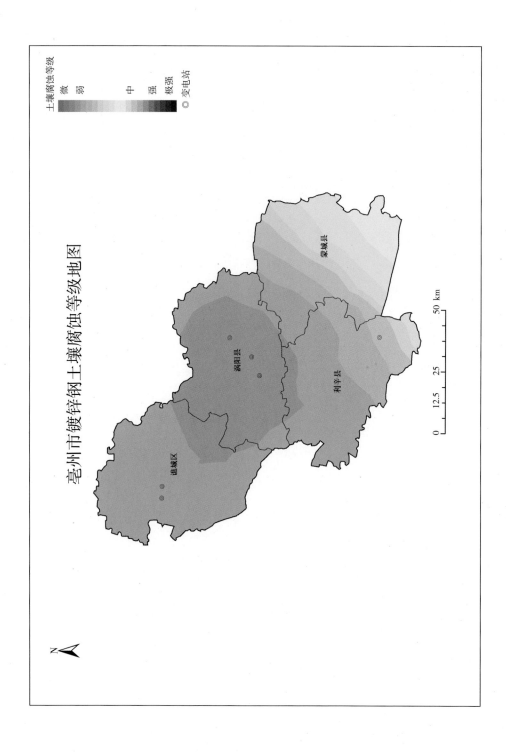

亳州市镀锌钢土壤腐蚀等级地图

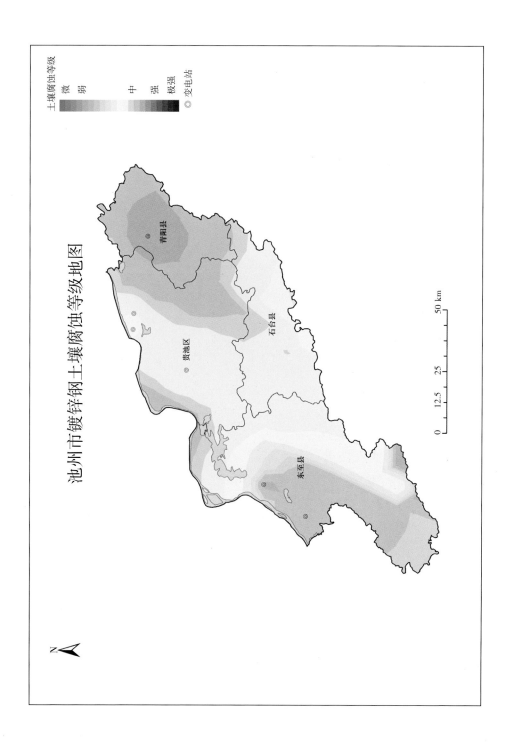

池州市镀锌钢土壤腐蚀等级地图

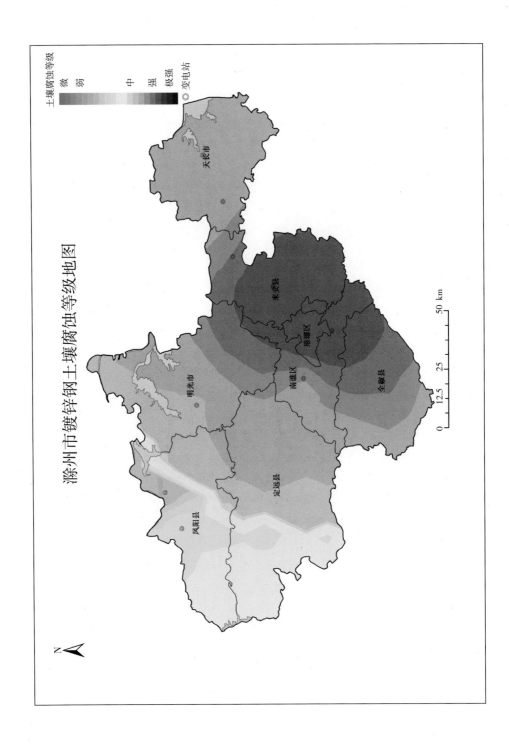

滁州市镀锌钢土壤腐蚀等级地图

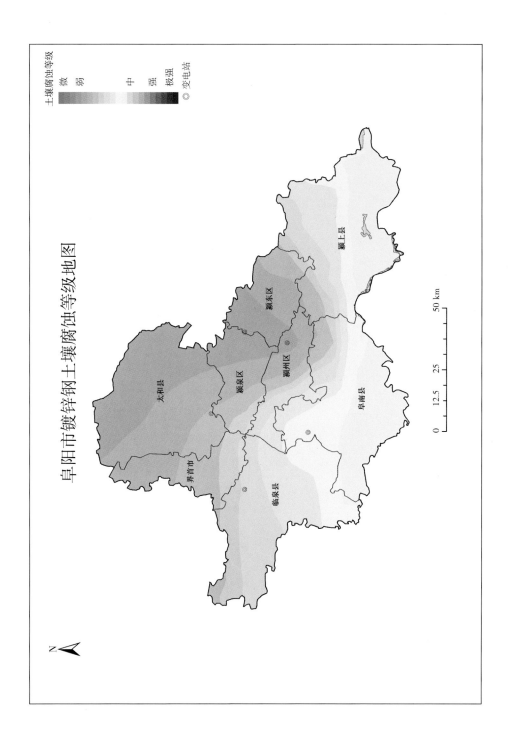

阜阳市镀锌钢土壤腐蚀等级地图

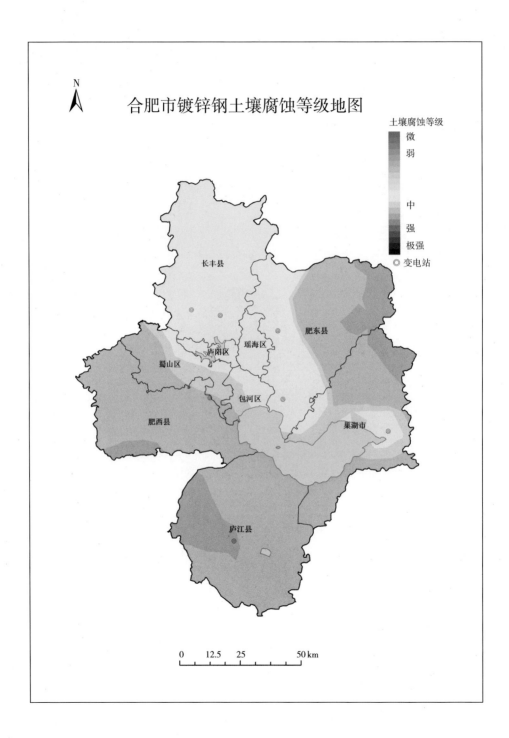

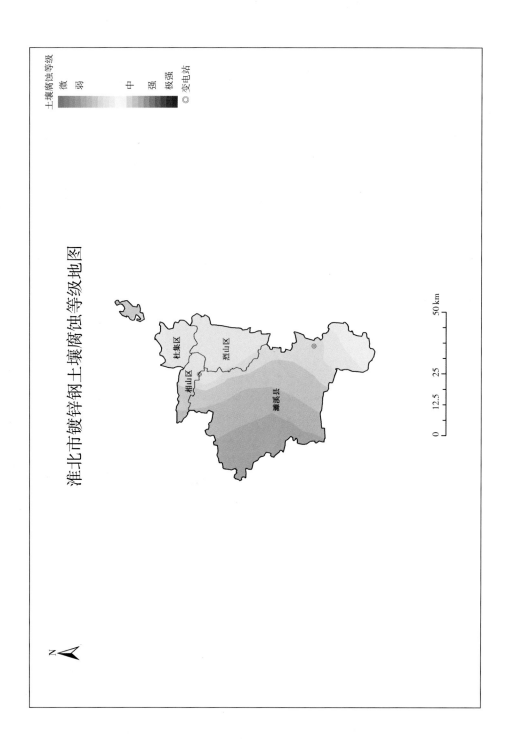

淮北市镀锌钢土壤腐蚀等级地图

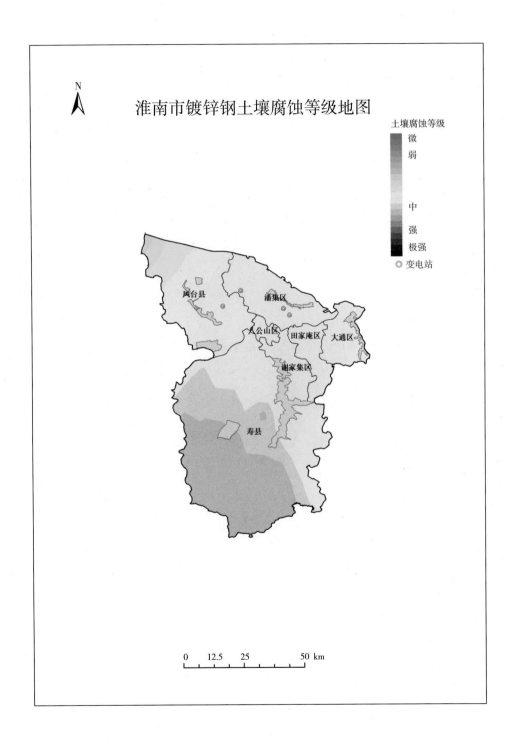

淮南市镀锌钢土壤腐蚀等级地图

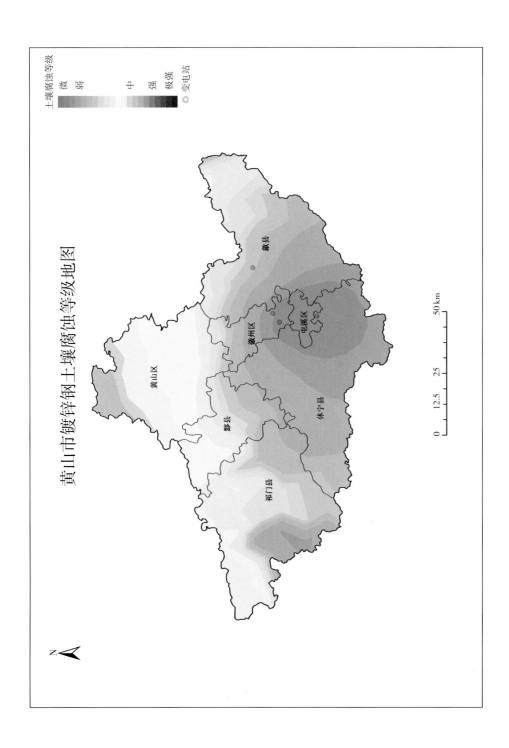

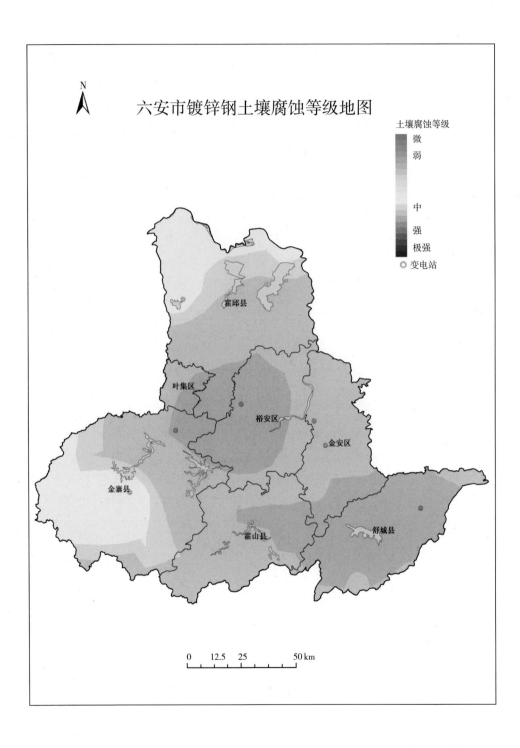

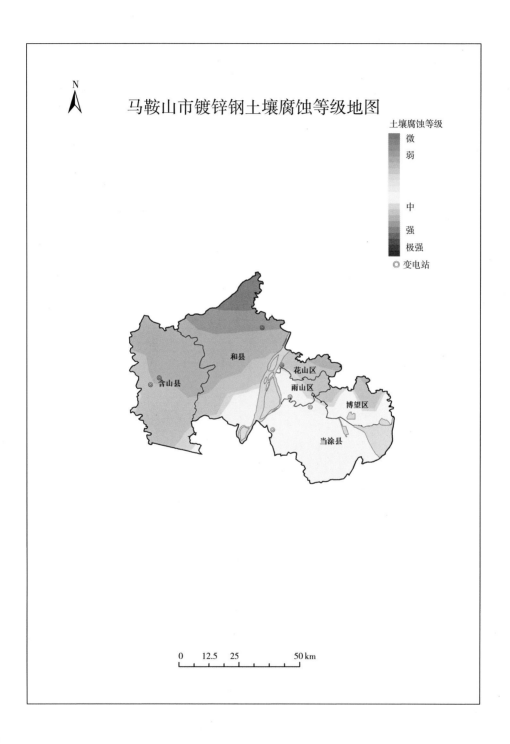

马鞍山市镀锌钢土壤腐蚀等级地图

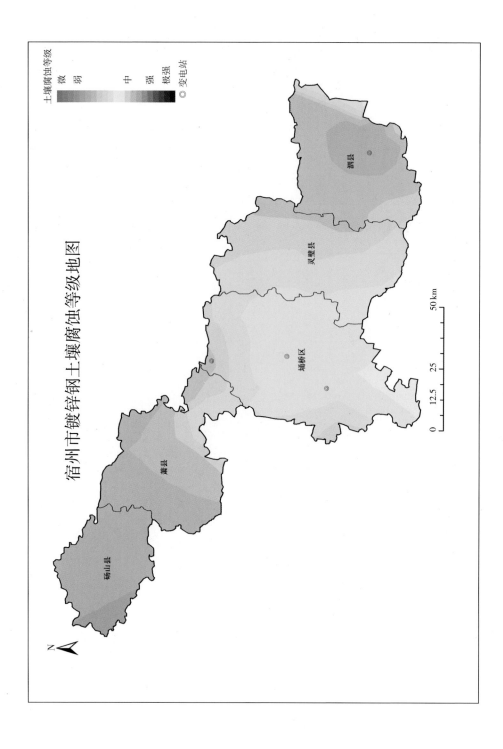

宿州市镀锌钢土壤腐蚀等级地图

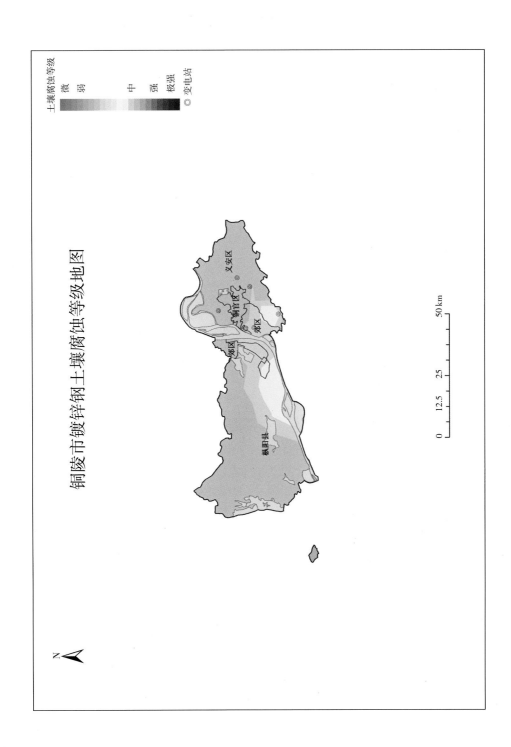

铜陵市镀锌钢土壤腐蚀等级地图

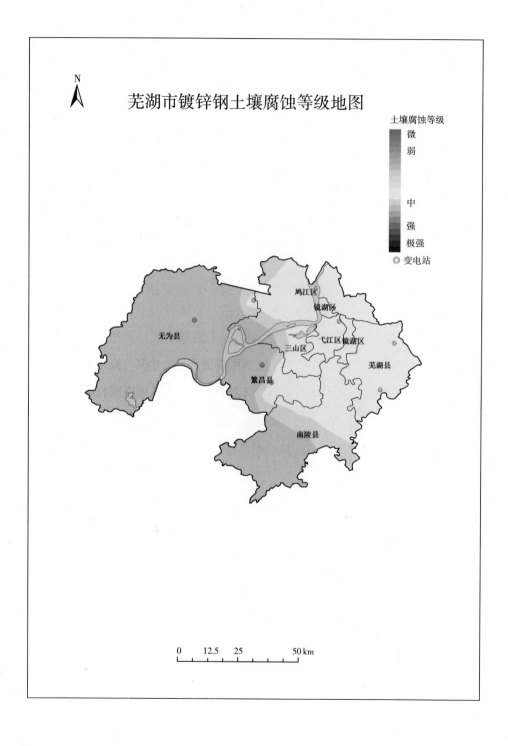

芜湖市镀锌钢土壤腐蚀等级地图

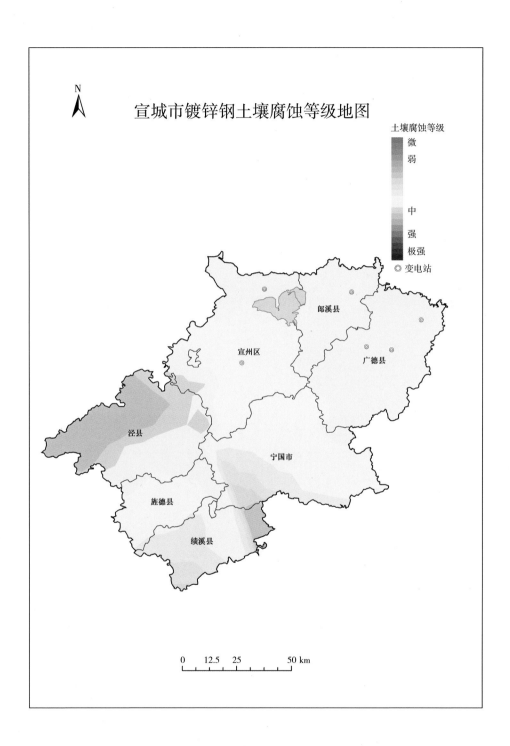

宣城市镀锌钢土壤腐蚀等级地图

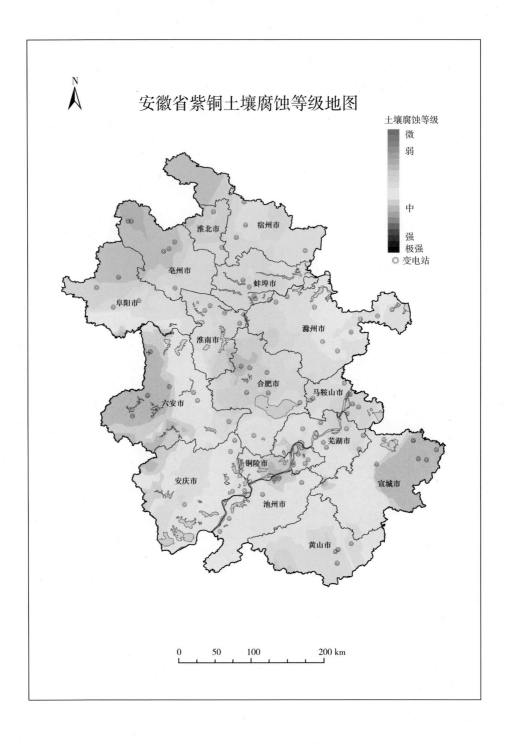

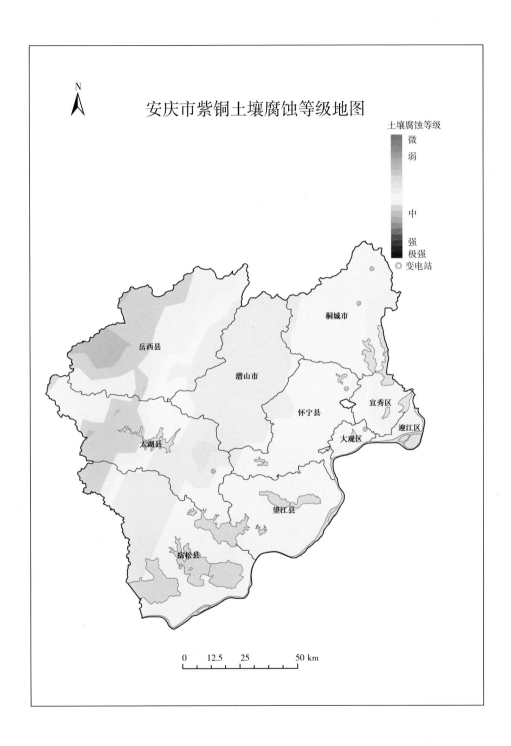

安庆市紫铜土壤腐蚀等级地图

蚌埠市紫铜土壤腐蚀等级地图

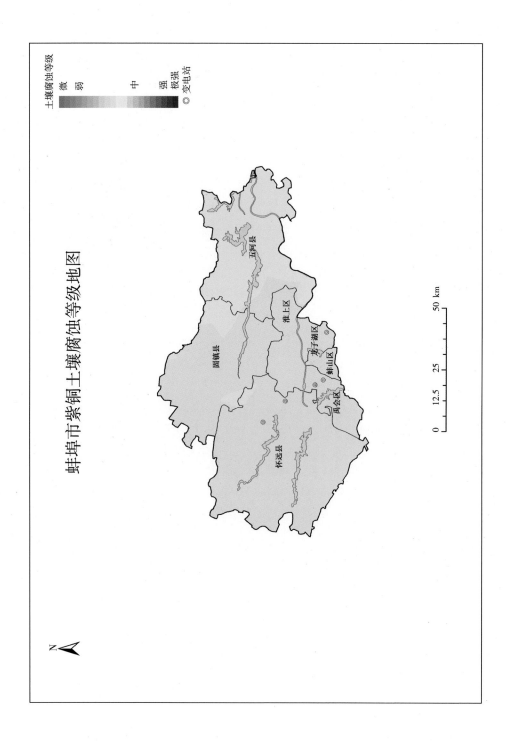

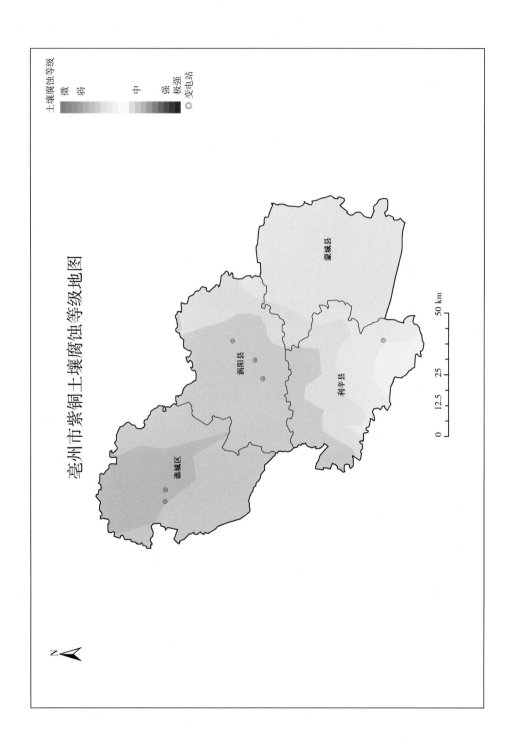

亳州市蒙铜土壤腐蚀等级地图

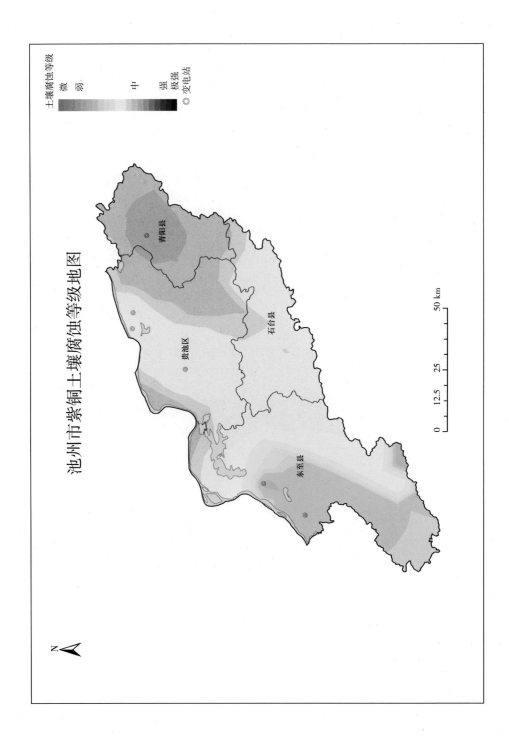

池州市紫铜土壤腐蚀等级地图

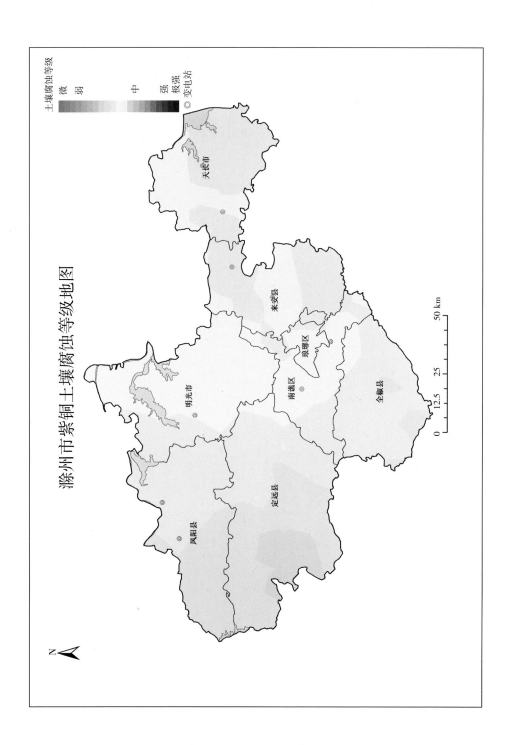

滁州市紫铜土壤腐蚀等级地图

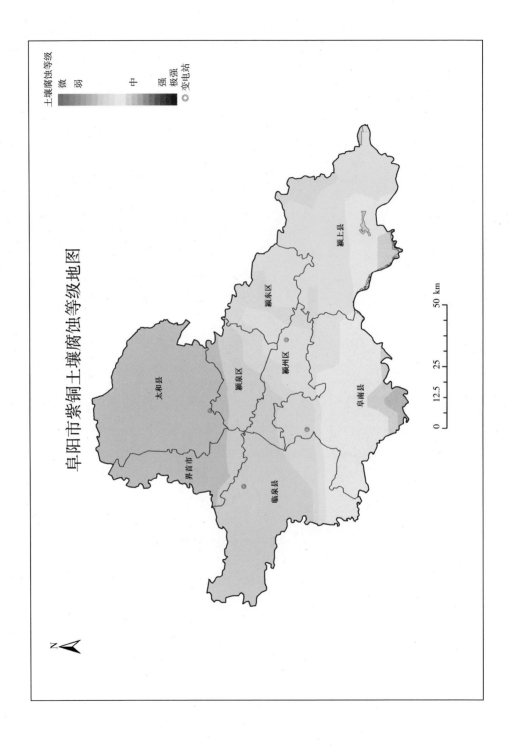

阜阳市紫铜土壤腐蚀等级地图

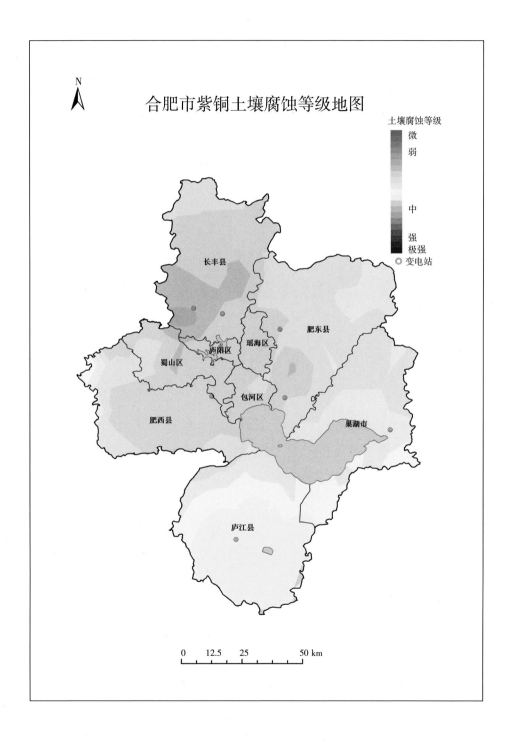

合肥市紫铜土壤腐蚀等级地图

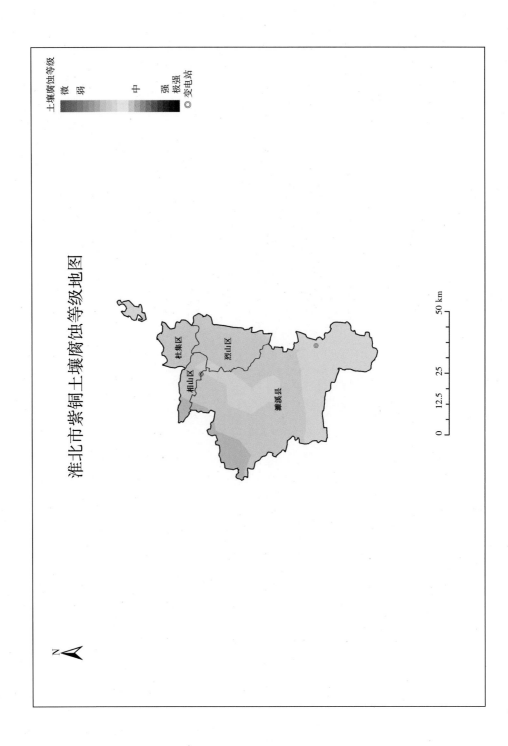

淮北市紫铜土壤腐蚀等级地图

土壤腐蚀等级

微　弱　　中　　强　极强　◎变电站

杜集区

烈山区

相山区

濉溪县

0　12.5　25　　50 km

N

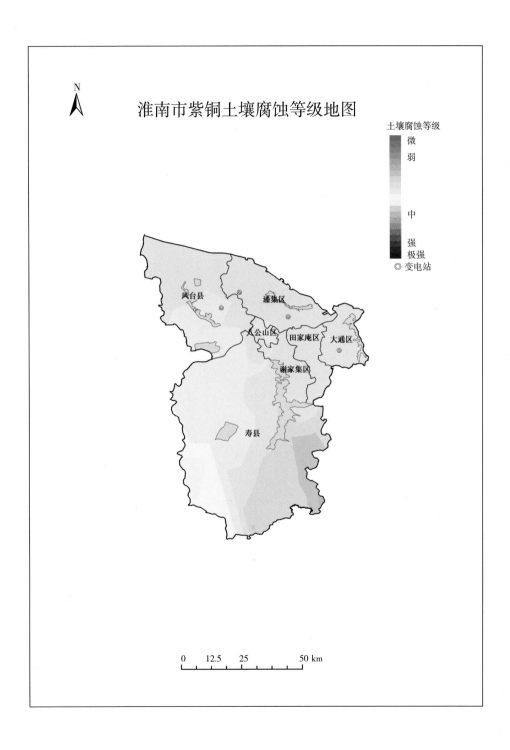

淮南市紫铜土壤腐蚀等级地图

土壤腐蚀等级
微
弱
中
强
极强
◎ 变电站

凤台县
潘集区
八公山区
田家庵区
大通区
谢家集区
寿县

0   12.5   25   50 km

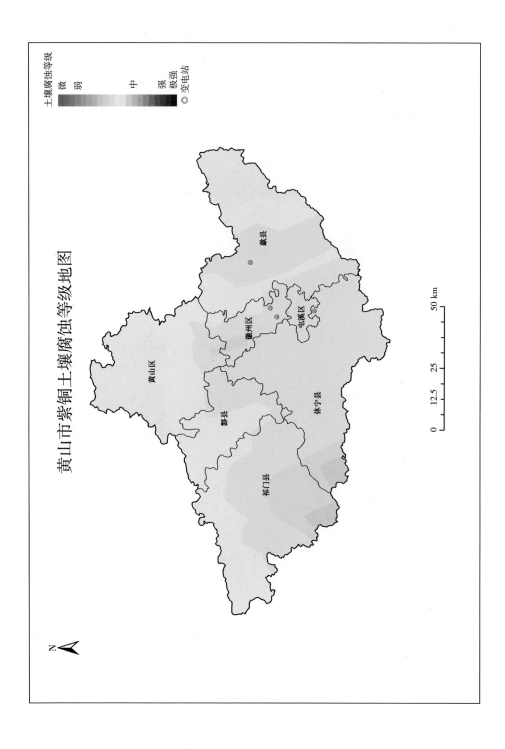

黄山市紫铜土壤腐蚀等级地图

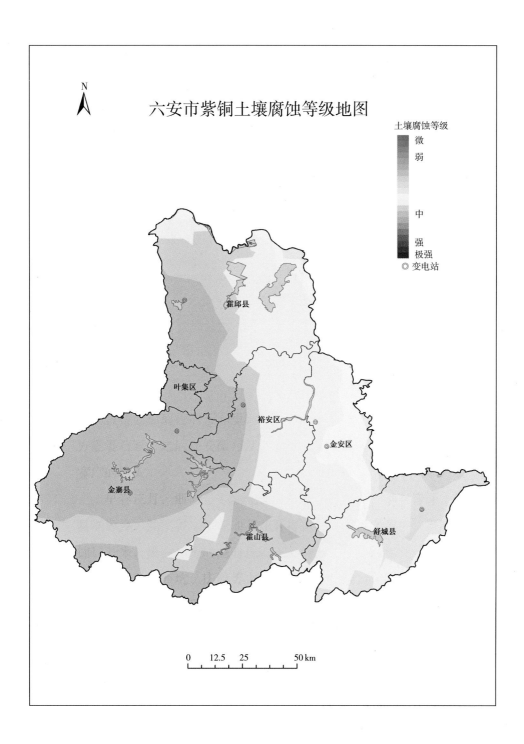

六安市紫铜土壤腐蚀等级地图

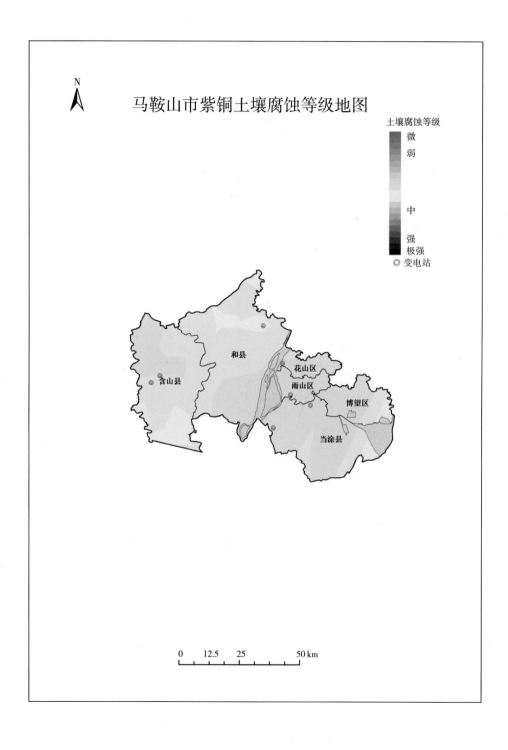

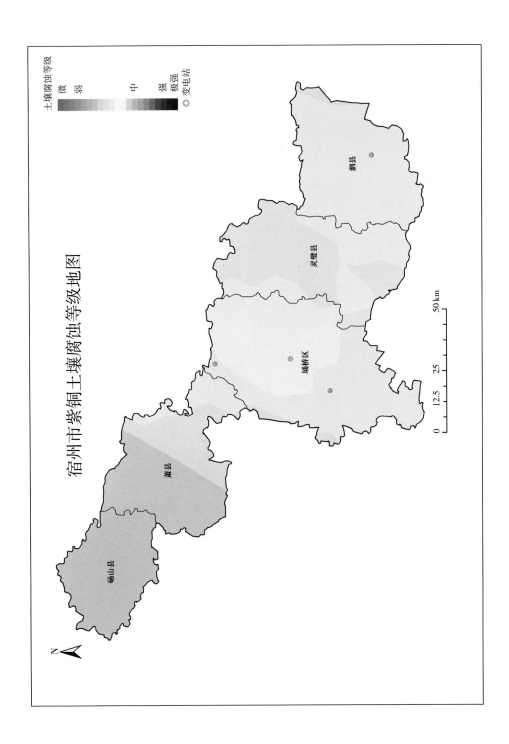

宿州市紫铜土壤腐蚀等级地图

铜陵市紫铜土壤腐蚀等级地图

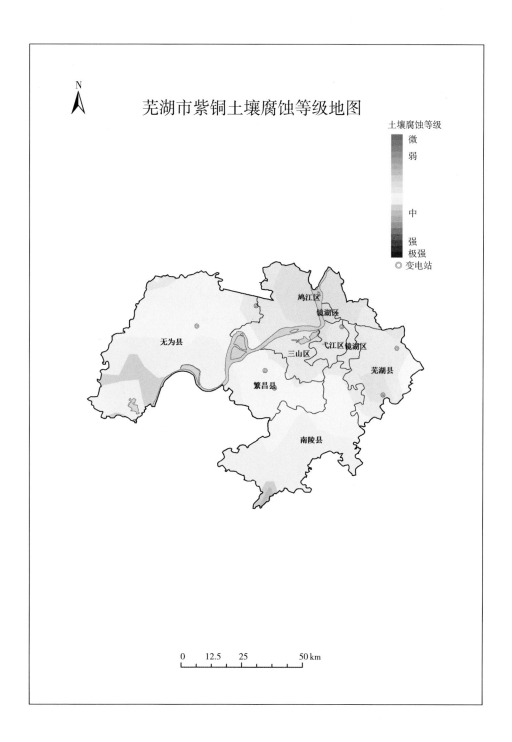

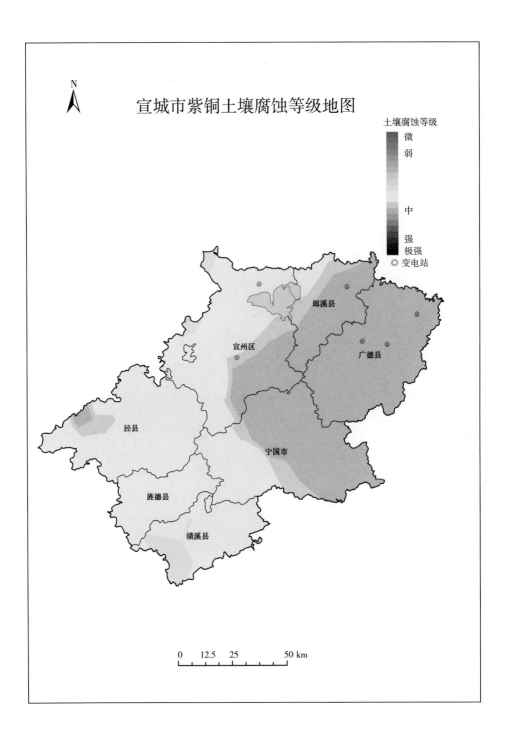

宣城市紫铜土壤腐蚀等级地图

附录二 安徽省部分土壤理化性质分布地图

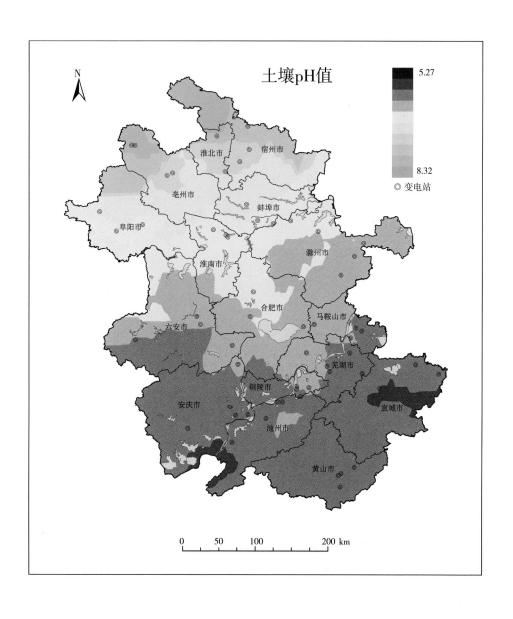

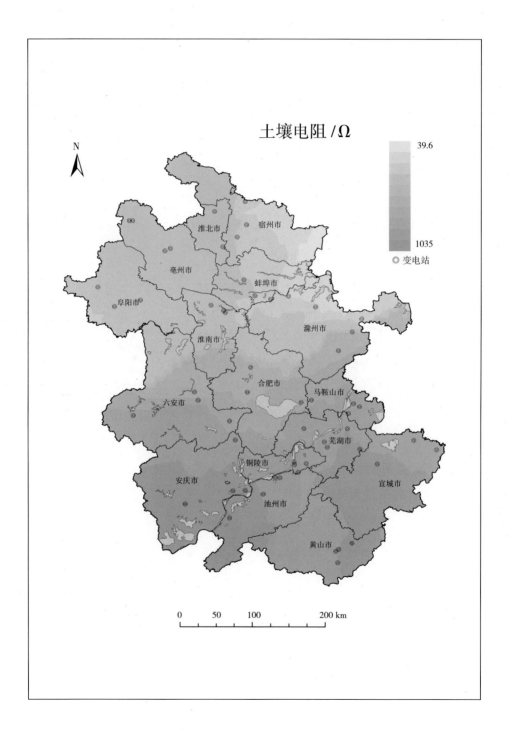

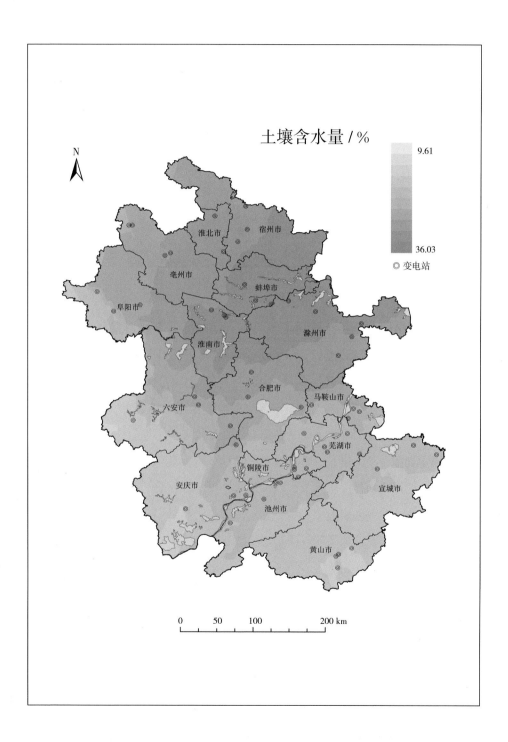

土壤含水量 / %

9.61

36.03

◎ 变电站

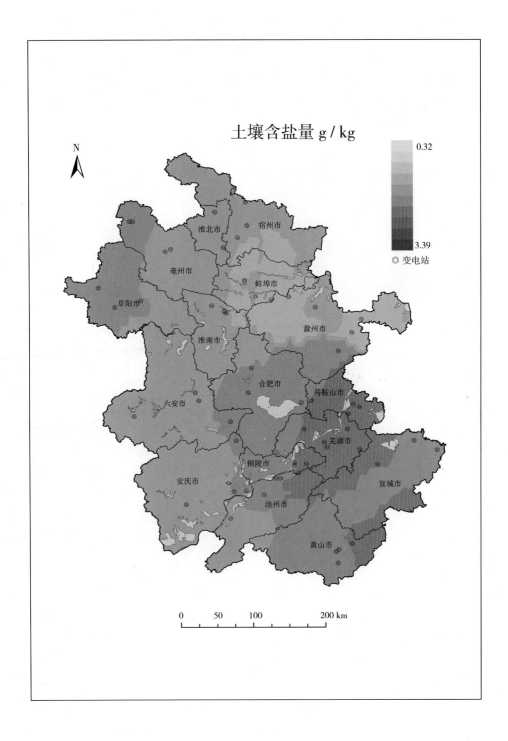

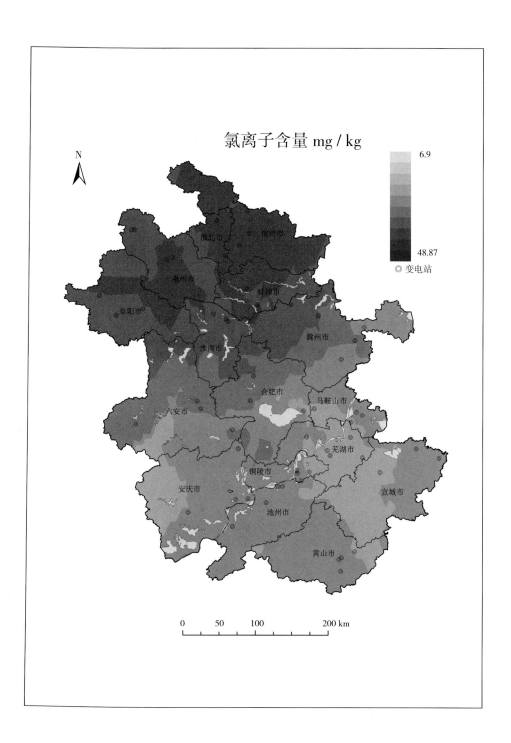

氯离子含量 mg / kg